温稠密物质

实验室的产生与诊断

［英］大卫·莱利(David Riley)　著

陈其峰　译

王朝棋　曹莉华　**审校**

上海交通大学出版社
SHANGHAI JIAO TONG UNIVERSITY PRESS

内容简介

本书介绍了温稠密物质最新的实验方法,主要内容包括温稠密物质的重要特征、理论以及面临的主要挑战,冲击波和体积加热产生温稠密物质的方法,以 X 射线和光学领域的各种诊断技术为代表的温稠密物质诊断技术,最后,简要讨论了研究温稠密物质常用的大型装置。本书可作为高能量密度研究领域研究生的教材或参考书,也可以作为从事温稠密物质实验的一线科研人员的参考资料。

图书在版编目(CIP)数据

温稠密物质:实验室的产生与诊断/(英)大卫·
莱利(David Riley)著;陈其峰译. —上海:上海交
通大学出版社,2023.1(2024.4 重印)
 ISBN 978 - 7 - 313 - 28201 - 9

 Ⅰ. ①温… Ⅱ. ①大… ②陈… Ⅲ. ①高压相—研究
Ⅳ. ①O521

 中国版本图书馆 CIP 数据核字(2022)第 241801 号

"Originally published as *Warm Dense Matter — Laboratory generation and diagnosis*,
© IOP Publishing, Bristol 2022".
上海市版权局著作权合同登记号:图字:09 - 2022 - 561

温稠密物质

实验室的产生与诊断
WENCHOUMI WUZHI——SHIYANSHI DE CHANSHENG YU ZHENDUAN

著　　者:[英] 大卫·莱利(David Riley)		译　　者:陈其峰	
出版发行:上海交通大学出版社		地　　址:上海市番禺路 951 号	
邮政编码:200030		电　　话:021 - 64071208	
印　　制:上海万卷印刷股份有限公司		经　　销:全国新华书店	
开　　本:710mm×1000mm　1/16		印　　张:9.75	
字　　数:162 千字			
版　　次:2023 年 1 月第 1 版		印　　次:2024 年 4 月第 3 次印刷	
书　　号:ISBN 978 - 7 - 313 - 28201 - 9			
定　　价:98.00 元			

译者序
PREFACE

在讨论温稠密物质（warm dense matter，WDM）时，应该先给出其大致概念，换句话说即"温（warm）"和"稠密（dense）"是什么意思？对于这个问题目前还没有精准而明确的答案。但我们可以在温度-密度空间范围定义一个涵盖当前研究者普遍认可的区域。从广义上讲，WDM 是指粒子数密度为 $10^{22} \sim 10^{25}/cm^3$、温度为 $1 \sim 100$ eV（其中 1 eV＝11 600 K）、非理想耦合参数为 $1 \sim 100$、部分电离、电子部分简并的强耦合等离子体状态。WDM 中粒子间复杂的相互作用导致其既不能用经典的等离子体理论解释，也不能用固态微扰理论对其特性（包括热力学特性、光学特性、电磁特性和辐射输运特性等）进行准确描述。为了适当刻画 WDM 特性，需要通过实验产生 WDM 并诊断其状态，从而获取其物性参数，进而服务于 WDM 理论建模，但实验产生的 WDM 具有瞬态与高能量密度特性，因而实验上如何约束、诊断及描述WDM 也存在着相当大的难度，面临着巨大的挑战。

本书内容共分为 6 章，第 1 章简要地介绍了 WDM 的重要特征、理论以及面临的主要挑战，其余 5 章重点介绍了 WDM 实验，主要涉及冲击波与斜波加载及体积加热产生 WDM 的方法和诊断技术，以及研究 WDM 最常用的大型装置。书中力求选择那些最能证明观点的实例进行了细致而详尽的论述，同时也对早期的开创性工作给予了回顾与评述。

本书原著是 2021 年英国 IOP 出版社出版的"等离子体物理系列丛书"

之一,是目前仅有的较全面地介绍 WDM 实验的专著,是英国贝尔法斯特女王大学的大卫·莱利(David Riley)教授在其研究生授课的基础上撰写而成的。为了便于 WDM 领域的研究生以及感兴趣的一线科研人员学习和参考,我们翻译了此书。译文经西安科技大学王朝棋、北京应用物理与计算数学研究所曹莉华悉心审校,中国工程物理研究院信息研究中心的李天惠、流体物理研究所的任海蕾等为本书的出版付出了辛勤的劳动,在此谨向他们致以衷心的谢意。也要感谢中国工程物理研究院流体物理研究所的"薪火计划"对本书出版的资助。本书概念新颖、涉及知识面广,难免疏漏和不当之处,望广大读者提出批评指正。

陈其峰

中国工程物理研究院冲击波物理与爆轰物理重点实验室

2022 年 5 月 18 日

前言
FOREWORD

　　本书旨在为进入该领域的研究生介绍温稠密物质实验。出于这个原因，我们首先概述一个涵盖宽泛的主题，而不是对每一个主题展开深入而详尽的讨论。基于作者的兴趣和经验，本书主要面向实验工作者，主要涉及对温稠密物质的产生和诊断方法的介绍。尽管如此，第1章也介绍温稠密物质的重要特征和当前理论研究面临的主要挑战；第2章主要讨论如何利用冲击波来产生温稠密物质，主要涉及激光驱动、离子束、气炮，以及爆炸方法；第3章讨论通过体积加热产生温稠密物质的问题，包括使用X射线（通常来自激光等离子体）和强离子束加热产生温稠密物质；第4章和第5章分别讨论了X射线和光学领域的各种诊断技术；最后在第6章简要介绍了研究温稠密物质常用的大型装置。限于篇幅，本书没有对实验中的诸多细节展开讨论，读者如果对某方面感兴趣可参考相关的文献。因此，本书力求选择那些最能证明讨论中观点的实例，同时也试图对早期的开创性工作给予应有的肯定。

　　在该领域中，通常使用国际单位制（SI）和厘米-克-秒（CGS）制的混合单位制，并使用电子伏（eV）来表示温度和能量；本书沿用这一惯例，文中所有的方程或公式中使用的单位都已明确给出。

目录
CONTENTS

3

第 1 章　温稠密物质的内涵和背景

1.1　引言

在过去的几十年里,经过许多研究者的努力[1-13],温稠密物质(WDM)的实验研究已成为等离子体物理学的一个成熟且发展良好的分支。这在很大程度上是由于 WDM 在巨行星和其他天体(如褐矮星)的结构形成中的重要性,以及在激光聚变微靶丸内爆过程中的重要性。这也激励研究人员在 WDM 特性的理论研究以及实验室诊断领域去挑战这些令人兴奋的技术问题。本书的面向对象是刚进入该领域的研究生和实验研究者,关于理论模型的详细讨论读者可以参考已有的文献,其中部分文献也在此书中做了引用。本章阐述了 WDM 的内涵与背景,指出 WDM 的一些有趣的物理化学特性,这些特性从理论角度来说是具有挑战性的。

人们针对行星的结构提出了许多问题,近年来人们发现的数千颗太阳系外行星[14-17]进一步增加了我们探究这些问题的兴趣。例如,有人提出,在这些极端条件下,碳可能在海王星和天王星等行星上形成金刚石层[18]。除此之外,科学家还预测了物质的新相,例如,他们预测了水的超离子相[19],其中质子可在由氧原子构成的晶格中自由移动。据预测,在温度 2 000～4 000 K、压力 30～300 GPa 的条件下水会转变为这种状态,氨也会出现类似的状态转变[20]。最近的 X 射线衍射测量为这一新物质相的存在提供了有力的实验依据[21]。

除此之外,Nettelmann 等利用不同的氢状态方程,基于不一样的木星内部结构,建立了描述木星内部特性的物理模型[22-23],这两种模型预测了木星的重力力矩和其他参数,如半径、近表面温度等,这些预测与旅行者号(Voyager)、朱诺号(Juno)和卡西尼号(Cassini)等木星探测器搜集的数据一致[24]。该研究表明,基于行星观测数据本身不足以解决关于其结构及演化的理论问题,所以实验室获得的相关数据对于理解 WDM 是十分重要的。

1.2 温稠密物质的特征

一般而言,我们讨论 WDM 的第一步应该是给出其大致概念,换句话说即"温(warm)"和"稠密(dense)"是什么意思?这里没有精准而又明确的答案,但在图 1.1 中,我们展示了一张压力-温度空间图,该图涵盖了当前研究者普遍认可的 WDM 区域。广义上讲,我们关注的是压力超过一百万个大气压(100 GPa)且温度在 $1\sim100$ eV(其中 1 eV=11 600 K)的物质状态。我们已经在图中给出了太阳系中一些行星的内核预测条件,以及我们可能看到的所谓"超地球"的内部压力-温度在 WDM 区间的位置分布,先前的研究预测这些行星的内核物质主要为铁,其压力和密度超过我们地球内部现有的压力和密度。值得注意的是,使用金刚石压腔(DAC)进行静态压缩所达到的条件仅延伸到图 1.1[25-26]的左下角,低于我们通常认为的 WDM 区间的温度范围。正如我们从雨贡纽曲线(见第 2 章)中所看到的,强冲击波可以产生穿过感兴趣区域的特定状态轨迹。也正如我们将在下一章中讨论的那样,使用斜波压缩[27]可以让我们获得远离雨贡纽状态,使我们能够更全面地探索 WDM 区域。通常只有在强烈的冲击和斜波压缩下,我们才能达到行星的内部条件。当然,并非所有 WDM 样品都需要高于固体密度,我们将在第 3 章讨论不需要压缩的 WDM 生成方法。然而,如图 1.1 所示,对 WDM 的定义包括粒子之间的强耦合,这跨越了从较低密度(约为 1×10^{-3} g·cm^{-3})到感兴趣的密度这一个宽广范围[1]。WDM 实验的时间范围从微秒到亚纳秒不等,这为我们在本书中将要讨论的实验设计和实施提出了较大的挑战。

WDM 不仅可由密度和温度范围定义,还可由该区域内发生的物理现象定义。图 1.1 还指出我们在描述 WDM 时存在的一些理论挑战,包括强关联、简并与部分电离。下面我们将分别讨论这些问题,但需要注意的是这些参量是相互

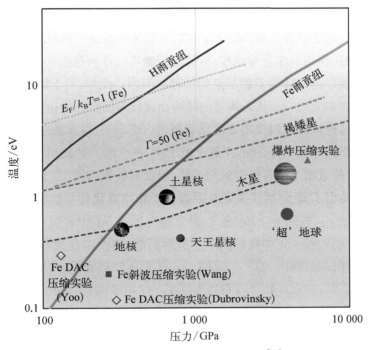

图 1.1　温稠密物质区域的分布图[28]

其边界覆盖一个较宽的范围,木星的等熵线(蓝色虚线)穿越 WDM 区域,褐矮星的等熵线为橙色虚线,静态压缩结合加热方法(如 DAC)只能探测 WDM 区域的低温压区间

关联的。

1.2.1　强关联

我们讨论 WDM 的第一个主要特征是粒子间的强关联,对于经典粒子,这可以通过耦合参数 Γ 来表示:

$$\Gamma = \frac{Q^2}{a k_{\mathrm{B}} T} \tag{1.1}$$

其中,Q 是粒子所带电荷,a 是粒子之间的特征距离。对于离子,a 是离子球半径,定义为

$$a = \left(\frac{3}{4\pi n_{\mathrm{i}}}\right)^{1/3} \tag{1.2}$$

其中，n_i 是平均离子数密度。对于如日冕或托卡马克实验中的低密度和高温等离子体，离子-离子耦合参数的值为 $\Gamma \ll 1$，这意味着与离子随机热运动的动能相比，离子间相互作用的库仑势能很小，故而后者可以作为微扰来处理。但是正是这种微扰导致了 WDM 丰富而复杂的物理学问题。此外，对于固体物质，其低于熔化温度下的 $\Gamma > 100$，该状态体系的热运动表现为固定晶格位置附近离子位置的小扰动。这种情况可以使用密度泛函理论（DFT）[29] 等方法进行处理。然而，WDM 通常处于一个中间范围，在这个范围内，库仑能和热能对对方而言都不是小扰动，同时邻近粒子间有很强的相关性，但没有长程结构。

图 1.2 给出了离子-离子关联在强耦合下如何演化的示例和几个 Γ 值的径向分布函数 $g(r)$，按照 $g(r)$ 的定义，距试验离子 dr 范围（r 到 $r+dr$）内的离子数为 $4\pi r^2 dr\, g(r) n_i$。正如我们从图中所看到的，随着耦合变弱，离子间几乎没有相关性，即使在短程内，$g(r)$ 也趋于 1。在更强的耦合下，离子之间的排斥作用变得更为重要，在近程处可以看到形成了一个清晰的"关联孔"，导致其他离子被排斥在该孔外。这意味着被排斥离子被推向更远的离子，而更远的离子反过来又将其推回，这导致在中间距离处出现了明显的振荡行为。在更远程处，需要在更大的体积空间取平均，与试验离子的相关性减弱，因此函数平均值趋于 1。

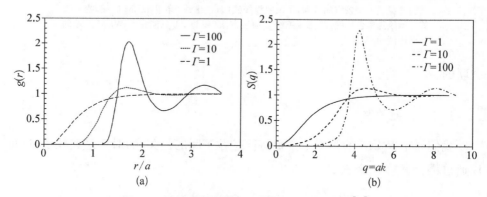

图 1.2 离子-离子径向分布函数与结构因子[30]

（a）具有不同程度强耦合的等离子体的离子-离子径向分布函数，将空间尺度按离子球半径 a 进行缩放，a 由式（1.2）给出；（b）根据（a）中的数据和式（1.9）得到的单组分等离子体模型的结构因子，参数 q 是无量纲的约化波矢

图 1.2 中的数据是使用蒙特卡罗建模方法[31-32]计算得到的，该方法假设了体系是单组分的等离子体。在这种状态下，带相同电荷的离子浸入完全简并的自由电子背景中，而这些自由电子不会因离子的存在而极化。简单地说，$g(r)$

可以由假设的实际粒子分布得到。粒子的位置可以随机变化以产生许多组态，每个组态都有一个能量 E，其由假定的离子间相互作用势决定。假设给定能量的组态出现的次数与玻尔兹曼因子 $\exp(-E/k_\mathrm{B}T)$ 成正比，这可用于判断产生的新组态是否合理，从而建立粒子分布。在图 1.2 中，完全简并电子气的假设仅在极端条件下有效。事实上电子在某些情况下只是部分简并的，电子的极化意味着它们可以优先聚集在离子周围，并导致屏蔽效应。在低密度等离子体中，这通常由离子之间的 Yukawa 型电势表示：

$$V(r) = \frac{(\bar{Z}e)^2}{r} e^{-r/\lambda_{\mathrm{sc}}} \tag{1.3}$$

式中，λ_{sc} 是有效屏蔽长度，$\bar{Z}e$ 是离子所带平均电荷。对于 $\Gamma \ll 1$ 的等离子体，德拜-胡克尔屏蔽长度是适用的，对于电子，其德拜屏蔽长度由下式给出：

$$D_\mathrm{e} = \sqrt{\frac{\varepsilon_0 k_\mathrm{B} T_\mathrm{e}}{e^2 n_\mathrm{e}}} \tag{1.4}$$

德拜-胡克尔屏蔽模型可预测德拜球内的粒子数，这个德拜数 N_D 与强耦合参数相联系：

$$N_\mathrm{D} = \frac{1}{(3\Gamma)^{3/2}} \tag{1.5}$$

可以看出，对于强耦合等离子体，N_D 小于 1，德拜-胡克尔方法不再有效。对于 WDM，通常用有限温度托马斯-费米(TF)屏蔽长度代替德拜长度[33]，定义如下：

$$\frac{1}{\lambda_{\mathrm{TF}}^2} = \frac{4e^2 m_\mathrm{e}}{\pi \hbar^3} \int f_\mathrm{e}(p) \mathrm{d}p \tag{1.6}$$

其中，$f_\mathrm{e}(p)$ 为有限温度下电子的费米-狄拉克分布函数。在下面关于简并度的讨论中，我们将看到，对于宽范围的 WDM，半径为 λ_{TF} 的球体中的粒子数仍然小于 1。事实上，确实需要更复杂的屏蔽方法来处理其关联问题，这是 WDM 建模的一个重要技术挑战。然而，Vorberger 和 Gericke[34]认为在与 WDM 范围关联的条件下，使用托马斯-费米屏蔽长度对 Yukawa 势进行建模是相当准确的，人们也常常这样做。

另一种通常用于替代蒙特卡罗和 DFT 的方法，利用液态理论中的 Ornstein-

Zernike 方程[35-36]是获得离子-离子结构因子相对快速的方法。预先给定离子势 $V(r)$，将直接关联函数 $c(r)$ 与总关联函数[由 $h(r)=g(r)-1$ 定义]联系起来，$c(r)$ 直接解释了两个离子之间的相互作用，$h(r)$ 则通过它们对第三个离子的影响来解释离子之间的相关性：

$$h(r)=c(r)+n_i \int c(r)h(|r-r'|)\mathrm{d}r' \tag{1.7}$$

再借助于超网链（HNC）近似将这些函数与相互作用势联系起来：

$$-\frac{V(r)}{k_B T}=\ln[h(r)+1]-[h(r)-c(r)] \tag{1.8}$$

通常在式(1.8)中使用 $c(r)=h(r)$ 对 $g(r)$ 进行初始猜测来数值求解。再从式(1.7)中获得 $h(r)$ 的一个新值，然后自洽迭代求解。实际上，迭代中使用傅里叶变换方法将式(1.7)写成 $\tilde{h}(k)=\tilde{c}(k)+n_i\tilde{c}(k)\tilde{h}(k)$，其中波矢 k 表示样本中密度波动的频谱。我们将在图 1.4 中看到使用 HNC 近似的示例。

由于强耦合而产生的离子的微观排列对样品的电阻率、可压缩性和内能等宏观量有显著影响，通常使用静态离子-离子结构因子 $S_{ii}(q)$ 表示离子间的关联性，其由 $g(r)$ 的傅里叶变换定义：

$$S_{ii}(q)=1+3\int_0^\infty \frac{\sin(qr)}{qr}[g(r)-1]r^2\mathrm{d}r \tag{1.9}$$

式中，$q=ak$ 是无量纲的约化散射波矢。我们可以看到，用图 1.2(a)中的径向关联函数可以导出结构因子。作为结构因子重要性的一个例子，高度简并等离子体中形成 Ziman 形式的直流电阻率为[37-38]

$$\rho_e=\frac{m_e^2}{12\pi^3 \hbar^2 e^2 n_e}\int_0^{2q_F} q^3 |V_{ei}|^2 S_{ii}(q)\mathrm{d}q \tag{1.10}$$

其中，q_F 是费米能级上的电子动量，$V_{ei}(q)$ 为电子-离子作用势。同时可以证明，样品在恒温下的压缩性与其在零约化向量下的结构因子有关：

$$S_{ii}(0)=\frac{n_i k_B T}{\rho(\partial P/\partial \rho)_T} \tag{1.11}$$

其中，n_i 是离子密度。从图 1.2(b)中可以看出，电子简并度 $S(q)$ 在低 q 时趋于零，单组份等离子体（OCP）被认为是不可压缩的。当然，实际情况下结构因子并不会为零,大量研究工作致力于关联行为的理论建模,这主要依赖于离子间相互作用势的选取。该离子-离子结构因子也将在第 4 章的 X 射线散射讨论中发挥关键作用,同时在第 4 章中我们将给出实验结果与 OCP 模型及其他真实模型的比较。

1.2.2　电子简并度

图 1.1 中的另一个特征量是自由电子气的化学势 μ 与电子热动能(用 $k_B T_e$ 表示)之比,它表示自由电子的部分简并度。对于有限温度,化学势由下式给出:

$$n_e = 2 \frac{(m_e c^2 k_B T_e)^2}{\sqrt{2}\,\pi^2 (\hbar c)^3} F_{1/2}\left(\frac{\mu}{k_B T_e}\right) \tag{1.12}$$

式中,n_e 是自由电子密度,$F_{1/2}$ 是完全费米-狄拉克积分:

$$F_{1/2}(\eta) = \int_0^\infty \frac{x^{1/2}}{1 + \exp(x - \eta)} \mathrm{d}x \tag{1.13}$$

这里 $\eta = \mu / k_B T_e$,该函数已被制成易于编码的解析形式数据表[39],关于 η 在不同区域的适用性见 Latter 等的研究[40]。

在低温极限条件下,化学势退化为费米能,由下式给出

$$E_F = \frac{\hbar^2}{2m_e}(3\pi^2 n_e)^{2/3} \tag{1.14}$$

对于典型的固体或液体条件,$n_e > 1 \times 10^{23}$ cm^{-3},因此得到 $E_F > 1.25 \times 10^{-18}$ J (7.8 eV)。费米温度定义为 $T_F = E_F / k_B$,其中 k_B 为玻尔兹曼常数。对于已知材料,环境条件下的熔点仅为 1 eV 的若干分之一。例如,对于液态金属,我们可以近似认为其内部电子处于基态,这意味着化学势和费米能非常相近。事实上,对于高简并极限,两者之间可以用索末菲(Sommerfeld)展开式来联系:

$$\mu = E_F \left[1 - \frac{\pi^2}{12}\left(\frac{k_B T_e}{E_F}\right)^2\right] \tag{1.15}$$

它可以精确到 0.5% 左右,最高可达 $k_B T_e / E_F \approx 0.3$,也可以使用更高阶展开式[41]来计算。然而,对于 WDM,当温度大于等于 10 eV 时,我们可以很容易地发现 η 约为 1,在该条件下就不能再假设电子处于可能的最低能量状态。

在某些特定条件下，表示简并重要程度的另一种方法是将电子之间的平均距离与其典型的空间尺度进行比较，如电子热德布罗意波长：

$$\Lambda_e = \sqrt{\frac{2\pi \hbar^2}{m_e k_B T_e}} \tag{1.16}$$

可以根据以下条件来检查电子波函数的重叠程度：

$$n_e \Lambda_e^3 > 1 \tag{1.17}$$

这表明多个电子占据相同的物理空间且简并效应重要。对于 10 eV 样品，此条件在 n_e 约为 1×10^{23} cm^{-3} 处满足；而对于离子，等效表达式保持 $\ll 1$ 不变。在通常的 WDM 实验中，我们总是把离子按照经典离子来处理。因此，这种部分简并是很重要的，因为泡利不相容原理在确定电子–离子平衡时间和相关量（如等离子体电阻率）等性质时起着重要作用，因为这些过程是由通过改变自由电子能量的碰撞来控制的，因此需要修正描述这些特性的方程。例如，简并度将改变电子热导率[42-44]。与经典的 Spitzer[45] 电导率相比，存在一个修正系数 ϕ_{cond}，其可由如下公式给出：

$$\phi_{cond} = \frac{\sqrt{\pi} \left[15 I_2(\eta) I_4(\eta) - 16 I_3^2(\eta) \right]}{144 I_{1/2}(\eta) I_2(\eta)} \tag{1.18}$$

这里，

$$I_n(x) = \int_0^\infty \frac{y^n}{e^{y-x} + 1} \mathrm{d}y \tag{1.19}$$

如图 1.3 所示，简并倾向于增大电子热导率，因为热电子可能散射到的低能态被泡利排斥阻止，从而降低电子因散射而失去能量的速率。在接下来的章节中，我们将看到，随着短脉冲光学和 X 射线激光器的发展，在一些实验中有可能确定电子–离子平衡时间。

简并度还将改变其他一些关键的等离子体参数，如 1.2.1 节所述，其中之一是德拜屏蔽长度。对于经典等离子体中的电子，该长度由式（1.4）给出。在完全简并电子气极限下，一般由托马斯–费米屏蔽长度代替，该屏蔽长度由以下公式给出：

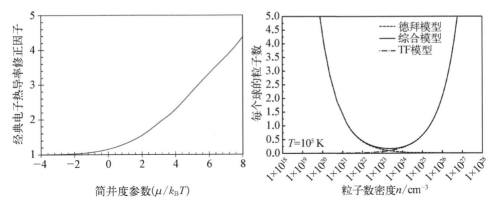

图 1.3　简并度函数对经典电子热导率修正和粒子数 3 种模型的计算

(a) 根据式(1.18)[42] 给出的简并度函数对经典电子热导率的修正,热导率随着简并度的增加而增大,这是因为电子被散射进入泡利阻塞的最终状态;(b) 德拜球、完全简并的托马斯-费米球和包含所有简并范围的有限温度模型[46] 中的粒子数,如式(1.21)所述,作为 1×10^5 K 温度下电子密度的函数

$$\lambda_{\mathrm{TF}} = \sqrt{\frac{2\varepsilon_0 E_{\mathrm{F}}}{3e^2 n_{\mathrm{e}}}} \tag{1.20}$$

对于有限温度下的部分简并,式(1.20)可以用来代替式(1.6),或者可以用费米-狄拉克积分表示:

$$\frac{1}{\lambda_{\mathrm{TF}}^2} = \frac{n_{\mathrm{i}}e^2}{\varepsilon_0 k_{\mathrm{B}} T_{\mathrm{e}}} \frac{F'_{1/2}(\eta)}{F_{1/2}(\eta)} \tag{1.21}$$

如上所述,式中 $F_{1/2}(\eta)$ 是费米-狄拉克积分,$F'_{1/2}(\eta)$ 是其一阶导数。这个表达式给出了低密度非简并等离子体的德拜长度和完全简并极限下的托马斯-费米长度。

在上一节中,我们讨论了离子之间可能存在的强关联性,特别是在高密度和中等温度条件下。与离子相比,电子简并的结果是电子的耦合参数在高密度时变得更小。为了定义完全简并电子的电子耦合参数,我们可以用式(1.1)中的费米能代替温度,得到

$$\Gamma_{\mathrm{ee}} = \frac{e^2}{a_{\mathrm{e}} E_{\mathrm{F}}} = 0.543 r_{\mathrm{s}} \tag{1.22}$$

对于电子,式中 a_{e} 为式(1.2)所定义的离子球半径,无量纲电子球半径 r_{s} 定

义为

$$r_s = \left(\frac{3}{4\pi n_e}\right)/a_B \tag{1.23}$$

其中,a_B 是玻尔半径($a_B=0.529$ Å)。注意到当密度增加时,耦合会变得更小,接近于 $1/n_e^{1/3}$;如图 1.3(b)所示,随着密度的增加,以托马斯-费米长度为半径的球内的粒子数增加,而耦合变弱。这也许就是 WDM 模拟中屏蔽 Yukawa 型相互作用势相对成功的部分原因。

值得注意的是对于存在部分简并度的区域之间的处理,Gregori[47]提出了一种在两个极端之间插值的处理方法,根据费米温度定义了有效量子温度:

$$T_{qm} = \frac{T_F}{(1.325\,1 - 0.177\,9\sqrt{r_s})} \tag{1.24}$$

再将中间区域的等效温度构造为

$$T_{eff} = \sqrt{T_{qm}^2 + T_e^2} \tag{1.25}$$

然后在标准等离子体物理公式中使用该等效温度来推导参数值,如中间区域的屏蔽长度。

1.2.3 部分电离

除简并和强耦合外,部分电离也是影响 WDM 行为的一个关键因素,尤其对于中高 Z 元素,这在图 1.1 中显示得可能不太明显。束缚电子壳层的存在对离子-离子间相互作用势有显著影响。在高密度下,当相邻离子的束缚壳层彼此越来越靠近,短程排斥项将变得很重要,这种现象就会出现[48]。

这自然会影响样品中离子的微观排列,如图 1.4 所示。该图展示了由托马斯-费米模型确定 $\bar{Z}$ 约为 4.9、密度 $\rho=14.1$ g·cm^{-3}、温度 $T=3$ eV 时铁等离子体的三种模拟,其中一条曲线是 OCP 模型的,模拟假设离子是在裸库仑势和强耦合参数(Γ 约为 100)的影响下运动。图中将离子-离子结构因子的 OCP 计算与铁等离子体的 HNC 计算进行了比较。对于 HNC 情况,使用屏蔽势和短程排斥项来模拟束缚壳层相互作用。正如我们所看到的,即使对于这样稠密且高度简并的样品,OCP 模型也只是一个粗略的近似。还可以注意到,短程排斥项的相对强度对结构因子的形状有显著影响,但对其峰值位置影响较小。使用的 HNC 计算程序是 THEMIS 代码[33]。

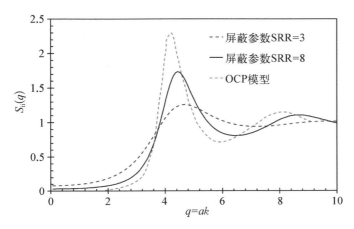

图 1.4　铁等离子体的结构因子计算

另外两条曲线使用了超网状链近似来模拟相同的等离子体,使用了如下形式的势:

$$V(r) = \frac{SRR}{r^4} + \frac{(Ze)^2}{r} e^{-r/\lambda_{TF}} \tag{1.26}$$

其中,第二项为 Yukawa 型势,具有托马斯-费米屏蔽长度;第一项为短程,表示束缚电子壳层之间的排斥效应,SRR 是可以调节的一些经验设定常数。从图 1.4 中可以看出,电子的极化(允许屏蔽相互之间的离子)和束缚轨道之间的短程排斥力(被强迫在一起)都会对离子-离子空间相关性产生巨大的影响。

总结而言,如图 1.5 所示,我们使用托马斯-费米模型来计算镁($Z = 12$)在各种条件下的部分电离,然后使用它来推导强耦合参数和电子简并度。下面我们将讨论托马斯-费米模型的物理思想。Latter[40]概述了使用的数值解方法,不包括交换或梯度效应。注意阴影区域边界的确定不是严格的,但它们确实显示了可能存在部分简并的区域,即存在部分简并 $0.1 < \eta < 10$ 和 $\Gamma > 1$ 的强耦合区域。同时,我们看到该区域内离子没有完全电离且体系内部还存在束缚电子。

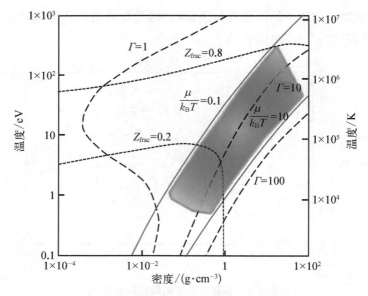

**图1.5 镁等离子体各级电离的托马斯-费米
模型计算在温度-密度平面分布**

图中使用托马斯-费米模型计算了镁等离子体在宽密度和温度范围内的分级电离(短虚线)、离子-离子强耦合参数(长虚线)和化学势除以温度(实心红线);托马斯-费米模型可能比其他模型更适用于某些区域,但该图显示了本节讨论的温稠密物质的三个特征共存的区域(宽带灰色标示);$Z_{frac} = \bar{Z}/Z$,其中$\bar{Z}$是平均电离度,Z是原子序数

1.3 温稠密物质对电子结构的影响

稠密等离子体与WDM的一个重要特点是在等离子体中的离子与原子周围存在一个微电场,这种微电场的波动会引起斯塔克(Stark)展宽,研究者在这方面已经开展了几十年的广泛研究[49]。正如我们所看到的,发射谱的线展宽是研究WDM的一个重要的诊断手段,但不是普遍应用手段,因为WDM的高密度和相对低的温度阻止了来自样品体的发射。然而,高密度下的斯塔克展宽会导致束缚能级相互合并,从而形成连续谱,这样就会影响吸收谱。周围的微电场对产生的连续能级下降和压致电离有重要影响,这对确定离子的电子性质非常重要,因此影响样品的整体性质。例如,WDM产生的一个可能影响是非金属样品的金属化。这可能是样品被加热和/或压缩时压致电离和能带结构变化的结果。

事实上,在行星内核中,氢会发生一级相变,由常态经过密度和熵的不连续变化转变为金属流体[50-52],这对于行星演化来说是一个非常重要的问题。

如上所述,在 WDM 中组成元素电离产生的离子浸在许多自由电子中,这将会导致离子能级连续下降或电离势下降。在这种情况下,周围等离子体产生的电势提升了束缚能级,降低了电离电势。对于更高的能级,这可能会导致非束缚态,如果它们变成占据态就会导致压致电离。一般认为有两种极限情况,一种是低密度,另一种是高密度。在低密度情况下,对于给定的离子态 Z_i,电离势的连续下降 ΔU_i 是由德拜-胡克尔模型给出:

$$\Delta U_i = \frac{Z_i e^2}{4\pi\varepsilon_0 k_B D} \tag{1.27}$$

其中,D 是等离子体的德拜屏蔽长度。在低密度极限下,对于非简并电子,这可以由以下公式得出:

$$\frac{1}{D^2} = \frac{1}{D_i^2} + \frac{1}{D_e^2} = \frac{Z_p n_e e^2}{\varepsilon_0 k_B T_i} + \frac{n_i e^2}{\varepsilon_0 k_B T_e} \tag{1.28}$$

式中的 Z_p 是周围等离子体的等效微扰电荷,其值由 $Z_p = <Z^2>/<Z>$ 给出,这类似于平均电离,其他符号具有其通常的含义。高密度是我们更感兴趣的另一个极端情况,该状态下体系具有强耦合和电子部分简并特征。在该情况下,可以使用式(1.21)中的表达式替换电子德拜长度。然而,正如我们在图 1.3(b)中看到的,以屏蔽长度为半径的等离子体球内的粒子数在 WDM 宽范围条件下仍然很低,并且在高密度下,通常考虑离子球近似的不同方法。在此极限下,离子球半径定义为

$$R_i = \left(\frac{3Z_i}{4\pi n_e}\right)^{1/3} \tag{1.29}$$

由于是高密度,离子的温度等于电子温度,电离势的连续降低由下式给出:

$$\Delta U_i = -\frac{3}{2}\frac{(\bar{Z}+1)}{\bar{Z}}\frac{Z_i e^2}{4\pi\varepsilon_0 R_i} \tag{1.30}$$

这里的 $\bar{Z}$ 是所测试离子周围扰动离子的平均电离度 Z_i。在这些限定条件下,Stewart 和 Pyatt[53] 的处理方法是 20 世纪 60 年代以来等离子体物理学的一种标准做法。最近,Ciricosta 等[54] 和 Hoarty 等[55] 对正确处理能级的连续降低进

行了一些讨论[56-57]。在前一种情况下，通过观察 LCLS 自由电子 X 射线激光光源发出的强 X 射线束照射的固体密度铝靶的发射，得出与 Ecker 和 Kröll[58] 的早期模型数据更符合的结论。然而，Hoarty 等对冲击压缩铝（用快电子加热）进行的实验得出的结论认为 Stewart-Pyatt 模型更可取。在 Stewart-Pyatt 模型被人们普遍接受几十年之后，这些相互矛盾的结论导致了人们对这一主题的研究兴趣复苏。

能级连续降低效应的幅度可能很大。例如，对于固体密度和温度为 10 eV 的温密铝（Al），可以计算对于 $Z_i=3$ 时离子球近似中的能级连续的降低为 -45 eV。这是一个实质性的影响，像环境固体一样，$n=3$ 的能级自然是非束缚的。如第 4 章所述，研究这种现象的一种方法是观察 WDM 的 K 边的变化。然而，这并不简单，因为在加热样品时，我们还改变了自由电子的简并度，从而更明显地改变了平均电离度，这意味着能移是多重效应影响的最终结果，事实上它比电离势下降要小一个数量级。

Iglesias 和 Sterne[59] 进一步指出，在稠密等离子体中，所有离子的电离势下降（IPD）不会完全相同，会出现波动，进而使得 IPD 的直接研究复杂化。因此，他们开发了一个模型来处理这种波动，其中离子球中的电子数按平均值附近的泊松（Poisson）分布计算，平均值由所讨论离子的净电荷分布给出。这些波动与以下因素有关：图 1.2 中的离子-离子关联函数曲线是最近邻点位于特定距离的概率。这意味着"测试离子"受到的局部电场也将显示一个分布。这可以与等离子体光谱中的情况相比较，等离子体微电场可以表现为发射线的准静态斯塔克展宽[49]，其形状反映了微电场分布。

1.4　温稠密物质的状态方程

在上面的章节中，考虑了 WDM 的特征和一些物理特性。最终的目标是构建 WDM 的真实状态方程（EOS），从而将密度、温度和压力的体特性联系起来。在实际模拟中，需要包含样品中可能出现的宽时空范围且可用于快速计算的 EOS，在这方面已经做了大量工作。在某些情况下，列表状态方程由实验测量数据和理论模拟数据组合而成，后者根据所考虑的条件范围而有所不同，其中 Sesame 状态方程数据库就是一个最具代表性的例子[60]。该数据库包含丰富的单质元素材料和许多常用的非单质元素材料,如聚苯乙烯和玻璃。

列表 EOS 有一些明显的优势,它们比较容易在辐射流体动力学模拟程序中实现。一方面,通过对列表数据进行插值,可以获得任意一个模拟单元中任意时间步长的压力;此外,在有数据的情况下,可以使用实验数据来约束列表 EOS;在没有实验数据的情况下,可以应用适用于不同区域的不同理论模型来构建列表 EOS。另一方面,More 讨论了列表状态方程存在的一些潜在的缺陷[61]。其中一个缺陷是列表中的粗间距问题,这可能导致插值误差和所需导数的不准确,例如用于计算声速;另一个问题可能是某一特定材料未制成表格。下面我们将讨论一些可以用来构造状态方程的物理模型。

1.4.1　托马斯-费米模型

最简单的适用于 WDM 区域的状态方程是托马斯-费米模型。该模型最初用于描述孤立原子,但经改进后可用于极端条件下的高密度物质[40,62]。Salzmann[63]对其在高能量密度物质中的应用进行了详细描述,我们在这里对其进行简要的概述。该模型将电子能量分布的费米-狄拉克统计与原子核周围相互作用势的泊松方程相结合,对于电子有如下方程:

$$\nabla^2 V_e(r) = \frac{e N_e(r)}{\varepsilon_0} \tag{1.31}$$

对于所考虑的原子核:

$$V_{nuc}(r) = \frac{Ze}{4\pi\varepsilon_0 r} \tag{1.32}$$

然而,与托马斯-费米模型对孤立原子的应用不同,电子被限制在离子球半径内,因此离子球内保持电中性。我们还注意到,还做了球对称假定。费米-狄拉克统计给出了存在相互作用势情况的电子能量分布,具有如下形式:

$$n_e(r) = \frac{8\pi}{h^3} \int_0^\infty \frac{p^2 \mathrm{d}p}{\exp[(p^2/2m_e - eV)/k_B T + \eta]} \tag{1.33}$$

其中,p 是电子动量,我们假设 $T = T_e = T_i$,上面积分就可以给出如下的结果:

$$n_e(r) = 2 \frac{(m_e c^2 k_B T_e)^{3/2}}{\sqrt{2}\pi^2 (hc)^3} F_{1/2}\left(\frac{\mu + eV(r)}{k_B T_e}\right) \tag{1.34}$$

15

注意式(1.34)与式(1.12)的相似性,不同之处在于其存在位置依赖性,并且包括相互作用势。上述方程是托马斯-费米理论的核心,通常通过数值迭代[40]进行求解,自洽地得到径向电子密度和相互作用势。

托马斯-费米模型的一个众所周知的特性是只要我们适当地用 Z 约化的方式约化温度和密度,就可使任何材料的方程解看起来都一样。正如 More[4] 所详细讨论的,对于给定的原子序数 Z 和原子质量 A,在密度 ρ 和温度 T 下,可以定义约化密度和温度:

$$\rho_0 = \frac{\rho}{AZ} \tag{1.35}$$

$$T_0 = \frac{T}{Z^{4/3}} \tag{1.36}$$

然后,我们将得到一个约化压力,由下式给出:

$$P_0 = \frac{P}{Z^{10/3}} \tag{1.37}$$

通过代入 ρ_0、T_0 与 P_0 值,我们就可以通过这些约化,计算出另一个新的 Z 与 A 值。

束缚电子和自由电子同等处理,但我们可以用两种方法计算电离。第一种常用的方法是忽略原子核引力引起的自由电子极化,取离子球边界处的电子密度,约定该位置处 $V(r)=0$。这意味着边界上的电子是自由的,我们假设在整个离子球中它们是均匀分布的,所以平均电离度为

$$\bar{Z} = \frac{4\pi}{3} R_0^3 n_e(R_0) \tag{1.38}$$

第二种方法是考虑具有正能量的状态数,即 $p^2 > 2m_e eV$。就是将式(1.33)中的积分下限用 $(2m_e eV)^{1/2}$ 替代 0,或者在式(1.34)中可以使用不完全费米-狄拉克积分 $F_{1/2}(x, \alpha)$(不是从零到无穷大的积分),其下限由下式给出:

$$\alpha = \left| \frac{eV(r)}{k_B T} \right| \tag{1.39}$$

图 1.5 中使用的平均电离度是用后一种方法获得的。这两种方法所得结果在高温下非常一致,但在较低温度下可能会出现相当大的差异,正如 More 和其他人所讨论的[64-65]。在图 1.6(b)中,我们看到了两种方法的离化度随温度变化

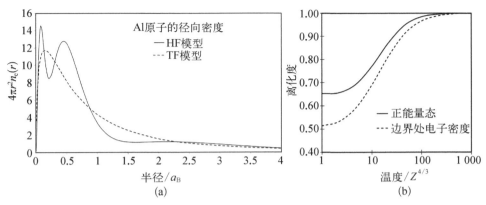

图 1.6 径向分布函数与离化度的模型计算

（a）与 Hartree‑Fock 计算相比，Al 的托马斯‑费米计算中的电子径向分布；（b）用 TF 模型分别通过积分正能量状态（实线）和取离子球边界处的电子密度（虚线）预测的离化度比较，约化密度 $\rho_0 = 0.167 \text{ g} \cdot \text{cm}^{-3}$，对于任意给定的元素，在 $\rho = AZ\rho_0$ 的密度下得到相同的曲线

的计算结果。TF 模型便于约化，用于生成一种解析方法以给出平均离化度，该方法可在流体力学程序中轻松实现并在线求解[64]。其中，输入参数为质量密度、温度、原子序数和原子质量数。

上述的讨论假设托马斯–费米模型可用于单一材料。实际情况下，我们通常会对混合元素的样品进行实验。托马斯–费米方法可以通过采用迭代法调整多组分离子球边界进行求解，直到在每个离子球边界计算的化学势相等[66]。然后，每个元素的压力应相同，用边界处的电子密度计算每个元素的部分离化度，方法同上。

另一种可能更快的方法是利用托马斯–费米模型的约化特性。对于给定的材料，我们若知道成分，对于我们的目标密度，可以估算每个元素的分密度，并计算共同温度下的压力[67]。然后，我们可以找到不同组分的平均压力，并约化每个元素的密度，以匹配该平均压力。这将为我们提供一个新的总密度，该密度可能与目标密度不匹配，因此每个元素的分密度将被约化以获得正确的密度，并且重复以上过程以得到最终的解，其中每个元素提供相同的公共压力。为了提高迭代速度，我们可以使用每个元素的列表结果，可以插值给出选择的任何混合物在给出温度和密度值网格上的压力和平均电离度。

1.4.2 EOS 建模

构建解析模型是个构建查找表不同的一种方法，这种模型可以相对容易地

实现并快速运行。例如,More 等[67]采用了这种方法,他们首先假设亥姆霍兹自由能可以通过相加的方式处理:

$$F(\rho,\ T_e,\ T_i) = F_i(\rho,\ T_i) + F_e(\rho,\ T_e) + F_b(\rho,\ T_e) \qquad (1.40)$$

其中,离子 F_i 和电子 F_e 的贡献分别处理,而 F_b 是包含电子交换效应(包括固体中的结合能)的贡献项。基于密度和温度的输入值,借助于热力学关系就可导出压力、熵和内能:

$$P = \rho^2 \frac{\partial F}{\partial \rho} \qquad (1.41)$$

$$S = -\frac{\partial F}{\partial T} \qquad (1.42)$$

$$E = F + TS \qquad (1.43)$$

式中,F 和 E 是单位质量的能量。亥姆霍兹自由能 $F = -k_B T \ln Z(T,\ \rho)$,其中 $Z(T,\ \rho)$ 是配分函数,通常与密度和温度有关。推导亥姆霍兹自由能超出了本书的范围,但其表达式给出了一些重要的限制,如在文献[67]中。在 More 等的方法中,根据预估的相态,离子的贡献以多种方式处理。在低密度和高温下,采用理想气体模型。相比之下,高密度相的处理有多种方法。电子用上述的托马斯-费米模型近似处理,例如,林德曼熔化定律用于确定是否存在固相或液相,Grüneisen 压力定律用于确定离子热压,如果存在固相,那么选择何种处理方法则取决于相对于德拜温度的温度。

1.4.3　Mie – Grüneisen 状态方程

较之于 WDM,尽管 Mie – Grüneisen 状态方程确实更适用于冲击固体,但它广泛应用于高压冲击物理,故而在 WDM 相关实验中也可以使用。此外,作为 EOS(如普适 EOS 即 QEOS)的一部分,它可以构成从环境条件到 WDM 条件的辐射流体力学模拟物质的一部分。计算 Grüneisen 参数有不同的方法,但我们可以从热力学上定义:

$$\gamma_G = V\left(\frac{\partial P}{\partial E}\right)_V \qquad (1.44)$$

式中,V 为比容,P 为压力,E 为内能。对于理想气体,$P = nk_B T$,内能 $E =$

$3nk_BT/2$，我们可以看到 $\gamma_G = 2/3$。对于德拜固体,可以用热力学关系来定义:

$$\gamma_G = \frac{\partial \lg \Theta_D}{\partial \lg \rho} \qquad (1.45)$$

式中,Θ_D 为德拜温度,ρ 为密度。报道的金属 γ_G 值范围从锂的约 0.9 到铅的 2.6[68]。通常假定 Grüneisen 参数仅与密度有关:

$$\gamma_G(\rho) = \gamma_G(\rho_0)\left(\frac{\rho_0}{\rho}\right)^a \qquad (1.46)$$

例如,Kraus 等[69]给出了辉锑矿的 $\gamma_G(\rho_0) = 1.35$ 和 $a = 2.6$,辉锑矿是地球物理学中的一种重要矿物。Mie‐Grüneisen 压力定律给出:

$$P_i = \gamma_G(\rho)\rho E_i \qquad (1.47)$$

其中,P_i 和 E_i 是离子的压力和内能。显然,我们没有将德拜固体作为 WDM 处理,但式(1.44)仍然适用,并且已经用来计算液相和熔融相的 Grüneisen 参数[70‐71],这个 Grüneisen 参数将在第 5 章中用来处理冲击卸载温度。

1.5　温稠密物质的产生与探测

WDM 的产生需要考虑所需样品的均匀性,如 Ng 等和 Forsman 等讨论 WDM 理想薄片的概念[6,72]。这个概念很重要,因为密度中大的梯度可以掩盖我们试图探索并与模拟和理论进行比较的物理现象。由于这个原因,除了超薄箔外,通过激光辐照直接加热固体通常被排除在有用方法之外。虽然高强度会导致表面产生热等离子体,而等离子体向内部的热传导会在固体中产生 WDM 条件,但这不可避免地伴随着非常强的密度和温度梯度。使用超高强度、短脉冲辐照来产生超热电子群,这些超热电子群可以穿透固体并产生 WDM,这将在后面的章节中讨论。当然,我们有时可能会对非稳态情况感兴趣,在这种情况下,热流和电流可能由梯度产生,但解决这些梯度本身就是所采用诊断手段需要面临的一个挑战。

与空间均匀性和分辨率一样,我们还需要考虑 WDM 产生的时间尺度。如前所述,静态方法(如 DAC)仅探测 WDM 区域的有限部分,故而需要采用动态方法(如体积 X 射线加热或冲击压缩),其中样品被快速加热和/或压缩,并由于惯性在适合探测的时间段内保持 WDM 状态,例如,在固体密度下如果我们将样品加热到几个电子伏,声速 c_s 可表示为

$$c_s = \sqrt{\frac{\gamma_a P}{\rho}} \tag{1.48}$$

其中,P 是压力,γ_a 是绝热指数,ρ 是质量密度,这里假设电子提供热压且是等温的。以厚度 $d = 20$ nm 的薄箔为例,通过激光直接加热至约 10 eV,并在固体密度下容纳约为 2×10^8 J $\cdot$ kg^{-1} 的能量沉积[6],我们可以估计声速约为 2×10^4 m $\cdot$ s^{-1},因此由 d/c_s 计算出样品的分解时间 $\tau = 1$ ps。由此而产生的 WDM 维持的时间非常短,此类样品的诊断通常基于表面的短脉冲光学探测,以探究样品的导电性[73]。根据材料的不同,在 WDM 条件下,通常可以估计出类似数量级的声速。

如果我们用更大的样品(可能是毫米级)进行实验,这意味着泄压将发生在 $1 \times 10^{-8} \sim 1 \times 10^{-7}$ s 的时间尺度上。这个时间尺度在许多诊断手段的测量范围之内,这表明使用更大的样本具有明显的优势。然而,较大的样本本身可能会存在问题。X 射线的不透明度越高,可能会抑制大样品的产生和探测。这对于中高 Z 元素尤其重要,且在许多情况下,需要使用更小的样品来处理目标靶的快速变化。除此之外,还可以注意到,100 GPa 的压力意味着约为 1 mm^3 容积需要在样品中沉积约为 100 J 的能量,这意味着需要大型能量装置,其中一些将在第 6 章中讨论。此外,样品加热的时间尺度也是一个关键参数,它需要足够短的时间尺度,以便时间分辨诊断仪器能够探测在规定时间内不会过度演变的样品。不同实验对目标靶演化的容忍度不同,但主要判据是测量参数的时间平均值允许在竞争理论模型之间进行区分的程度。

1.5.1 平衡时间尺度

从样品微观平衡的角度来看,加热的时间尺度也很重要。我们注意到,对行星内部的理解是 WDM 研究的主要动机。行星内部可能存在梯度和动态过程,但通常预测的时间尺度比我们实验中要长得多,我们还是希望在近热平衡和流体动学平衡条件下研究其物质状态。如果实验是相关的,我们需要关注熔化、电子-离子能量交换和相变发生的速率。

对于光学激光器直接加热薄板的实验,我们已经指出,为了测量均匀薄板的特性,必须在亚皮秒的时间尺度上进行探测。由于固体中的声子振荡时间为亚皮秒[74],因此能量沉积、探测和平衡时间的大小相近,这时必须考虑平衡速率。

随着自由电子 X 射线激光器的出现(它可以将能量沉积在亚皮秒的时间尺度上[1]),这一问题变得更加重要。在这些情况下,我们注意到脉冲持续时间很短,这使我们有可能探索将固体转化为 WDM 所涉及的熔化和电子-离子平衡的基本过程。例如,Mazevet 等[75]通过分子动力学模拟探索了固体密度金的面心立方晶格因 X 射线激光脉冲加热而变得无序的时间尺度。根据能量沉积,这可能需要数十个皮秒,很明显,使用单独探测进行的 X 射线衍射实验能够通过分析散射辐射跟踪这种衰减。然而,假设平衡效应只可能发生在皮秒时间尺度的实验中,这是错误的。正如 Ng 等[76]所讨论的,强耦合可能会影响纳秒激光驱动冲击中电子-离子能量交换发生的时间尺度。

上面我们已经看到,由于泡利阻断了电子可能的终态,使得电子简并在决定稠密等离子体的热导率和电导率上起着重要作用。同样,电子简并也会影响电子和离子通过碰撞交换能量的时间尺度。Brysk[77]对此进行了研究,表明电子-离子平衡时间增加因子具有如下形式:

$$\frac{\tau_{\text{Brysk}}}{\tau_{\text{Spitzer}}} \approx 1 + \frac{4N_e \pi^{3/2} h^3}{(2m_e k_B T_e)^{3/2}} \tag{1.49}$$

我们可以很容易地看到,在低密度和高温下,Spitzer - Brysk 结果回到了经典极限。例如,即使在电子密度为 1×10^{23} cm^{-3} 的相对稠密的等离子体中,当电子温度为 10 eV 时,该因子约为 1.13。而对于冲击压缩物质,温度可能为 1 eV 数量级,电子密度接近 1×10^{24} cm^{-3},该因子将大于 100。

我们已经看到了强耦合是如何影响离子的微观排列,从而影响各种等离子体特性,如电阻率,这与电子-离子平衡时间受到影响这一事实有关。譬如在 WDM 实验中,可以直接用 X 射线加热电子,或者用冲击波加热离子,然后依靠快速能量交换达到平衡条件,这是一个重要的观点。

我们可以用电子碰撞离子的有效质量来简单地理解这一点,通常习惯用电子-离子平衡中质量比来描述这一重要的概念。这是因为,如果一个质量 m_a 粒子与一个初值静止且较大质量 M_A 粒子碰撞,那么对于大范围的碰撞角,可以认为碰撞后 $|p_a| \approx |p_A|$。由于非相对论极限下的动能为 $p^2/2m$,可以看到动能

的比率由 m_a/M_A 给出。如果离子之间存在强耦合,将与相邻离子共享和电子碰撞获得的动量,因此有效质量增加,能量交换率降低。

　　研究者已经考虑了稠密等离子体和 WDM 中强耦合在确定电子和离子之间能量交换速率方面的作用[78]。通常,把它表示为广义耦合常数,因此电子的内能由以下方程控制:

$$\frac{\partial}{\partial t}(\rho E_e) = -\frac{\partial}{\partial x}\left[\rho u\left(E_e + \frac{P_e}{\rho}\right)\right] - \frac{\partial}{\partial x}\left(\kappa\frac{\partial T_e}{\partial x}\right) + u\frac{\partial P_e}{\partial x} + \frac{\partial E_{in}}{\partial x} - g(T_e - T_i)\frac{\rho}{\rho_0}$$

$$(1.50)$$

式中,E_e 是电子子系统的内能密度,E_{in} 是电子的能量输入源,κ 是热导率,ρ_0 是初始质量密度。在最后一项中,g 是电子和离子之间的耦合常数。

　　Dharma - Wardana 和 Perrot[79]指出,考虑离子耦合模式的理论方法导致电子-离子耦合常数比 Spitzer - Brysk 速率低四个数量级。以固体密度 Al 为例,电子突然被加热到 10 eV(这可以通过 X 射线自由电子激光器实现),如果假设离子开始处于铝的熔化温度,Spitzer - Brysk 模型预测耦合常数为 $0.363\ 4 \times 10^{20}$ W · K^{-1} · m^{-3},而 Dharma - Wardana 和 Perrot 的耦合模型计算结果为 $0.237\ 4 \times 10^{16}$ W · K^{-1} m^{-3}。这将使预测的平衡时间从亚皮秒变为数百皮秒。事实上,在 Ng 等[76]的工作中,对冲击波到达样品后部的光发射的研究表明,如果平衡时间确实为数百皮秒数量级,则可以理解发射历史。

　　在第 2 章中,我们将讨论冲击波的产生和冲击压缩样品的熔点,以及可能发生在保持固态结构固体过热同时仍然处于高于所施加压力下的平衡熔化温度[80-81]的样品中的过热和熔化速度问题。

1.5.2　总结

　　我们已经从理论上描述 WDM 的强耦合、电子简并和部分电离问题的挑战,以及从流体力学和微观平衡过程的角度开展实验和解释实验(包括时间尺度效应)的挑战。

　　在接下来的章节中,我们将讨论通过各种各样方式产生 WDM 及其诊断方式,在某些情况下,由于某些实验适用于特定的诊断技术,需要同时考虑解决 WDM 的产生和诊断。我们将同时考虑激光和离子束作为产生 WDM 的工具,同时也探寻冲击与斜波压缩和体积加热等广泛的技术,这两者都可以通过多种技术来实现。

参考文献

［ 1 ］ Lee R W *et al* 2003 *J. Opt. Soc. Am.* B **30** 770

［ 2 ］ Koenig M *et al* 2005 *Plasma Phys. Contr. Fusion* **47** B441

［ 3 ］ Graziani F, Desjarlais M P, Redmer R and Trickey S B（ed）2014 *Frontiers and Challenges in Warm Dense Matter*（Berlin：Springer）

［ 4 ］ More R, Yoneda H and Morikami H 2006 *J. Quant. Spectrosc. Radiat. Transfer* **99** 409 - 24

［ 5 ］ Nettelmann N, Redmer R and Blaschke D 2008 *Phys. Part. Nucl.* **39** 1122

［ 6 ］ Ng A, Ao T, Perrot F, Dharma-Wardana M W C and Foord M E 2005 *Laser Part. Beams* **23** 527

［ 7 ］ Renaudin P, Blancard C, Clérouin J, Faussurier G, Noiret P and Recoules V 2003 *Phys. Rev. Lett.* **91** 075002

［ 8 ］ Lee R W, Kalantar D and Molitoris J 2004 UCRL-TR-203844

［ 9 ］ Mattern B A and Seidler G T 2013 *Phys. Plasmas* **20** 022706

［10］ Dharma-Wardana M W C 2006 *Phys. Rev.* E **73** 036401

［11］ Perrot F and Dharma-Wardana M W C 1993 *Phys. Rev. Lett.* **71** 797 - 800

［12］ Davidson R *et al* 2003 *Frontiers in High Energy Density Physics: The X-Games of Contemporary Science*（Washington, DC：The National Academies）

［13］ Falk K 2018 *High Power Laser Sci. Eng.* **6** e59

［14］ Johnson J A 2009 *Publ. Astron. Soc. Pac.* **121** 309 - 15

［15］ Bowler Brendan P 2016 *Publ. Astron. Soc. Pac.* **128** 102001

［16］ Wright J T *et al* 2011 *Publ. Astron. Soc. Pac.* **123** 421 - 2

［17］ Perryman M 2006 *The Exoplanet Handbook*（Cambridge：Cambridge University Press）

［18］ Ross M 1981 *Nature* **292** 435

［19］ Benoit M, Bernasconi M, Focher P and Parrinello M 1996 *Phys. Rev. Lett.* **76** 2934 - 6

［20］ Cavazzoni C, Chiarotti G L, Scandolo S, Tosatti E, Bernasconi M and Parrinello M 1999 *Science* **283** 44 - 6

［21］ Millot M, Coppari F, Ryan Rigg J, Correa Barrios A, Hamel S, Swift D C and Eggert J H 2019 *Nature* **569** 251 - 5

［22］ Nettelmann N, Holst B, Kietzmann A, French M and Redmer R 2008 *Astrophys. J.* **683** 1217 - 28

［23］ Nettelmann N, Becker A, Holst B and Redmer R 2012 *Astrophys. J.* **750** 52

［24］ Buccino D R, Helled R, Parisi M, Hubbard W B and Folkner W M 2020 *J. Geophys. Res.: Planets* **125** e2019JE006354

［25］ Dubrovinsky L S, Saxena S K, Tutti F, Rekhi S and LeBehan T 2000 *Phys. Rev.*

Lett. **84** 1720

[26] Yoo C S, Akella J, Campbell A J, Mao H K and Hemley R J 1995 *Science* **270** 1473

[27] Wang J *et al* 2013 *J. Appl. Phys.* **114** 023513

[28] Riley D 2018 *Plasma Phys. Control. Fusion* **60** 014033

[29] Kohanoff J 2006 *Electronic Structure Calculations for Solids and Molecules* (Cambridge: Cambridge University Press)

[30] Hansen J P 1979 *Proceedings of the 20th Scottish Universities Summer School in Physics* (Edinburgh: SUSSP Publications)

[31] Brush S G, Sahlin L and Teller E 1966 *J. Chem. Phys.* **45** 2102

[32] Hansen J P 1973 *Phys. Rev.* A **8** 3096 – 109

[33] Wünsch K, Vorberger J and Gericke D O 2009 *Phys. Rev.* E **79** 010201(R)

[34] Vorberger J and Gericke D O 2013 *High Energy Density Phys.* **9** 178 – 86

[35] Hansen J-P and McDonald I R 2006 *Theory of Simple Liquids* 3rd edn (New York: Elsevier)

[36] Ornstein L and Zernike F 1914 Proc. *Acad. Sci.* **17** 793

[37] Ziman J M 1961 *Philos. Mag.* **6** 1013

[38] Ichimaru S 1982 *Rev. Mod. Phys.* **54** 1017 – 59

[39] McDougall J and Stoner E C 1938 *Phil. Trans. R. Soc.* **237** 67

[40] Latter R 1955 *Phys. Rev.* **99** 1854 – 70

[41] Cowan B 2019 *J. Low Temp. Phys.* **197** 412 – 44

[42] Rose S J 1988 *Proceedings of 35th Scottish Universities Summer School in Physics* (Edinburgh: SUSSP Publications)

[43] Clayton D D 1968 *Principles of Stellar Evolution and Nucleosynthesis* (Chicago: University of Chicago Press)

[44] Cox J P and Guili R T 1968 *Principles of Stellar Structure* (New York: Gordon and Breach)

[45] Spitzer L and Harm R 1953 *Phys. Rev.* **89** 977

[46] Kremp D, Schlanges M and Kraeft W-D 2005 *Quantum Statistics of Nonideal Plasmas* (Berlin: Springer)

[47] Gregori G, Glenzer S H and Landen O L 2003 *J. Phys. A: Math. Gen.* **36** 5971 – 80

[48] Fletcher L B *et al* 2015 *Nat. Photon.* **9** 274

[49] Greim Hans R 1997 *Principles of Plasma Spectroscopy* (Cambridge: Cambridge University Press)

[50] Wigner E and Huntington H B 1935 *J. Chem. Phys.* **3** 764

[51] Saumon D and Chabrier G 1989 *Phys. Rev. Lett.* **62** 2397 – 400

[52] Norman G E and Saitov I M 2019 *Contrib. Plasma Phys.* **59** e201800182

[53] Stewart J C and Pyatt K D 1966 *Astrophys. J.* **144** 1203

[54] Ciricosta O *et al* 2012 *Phys. Rev. Lett.* **109** 065002

[55] Hoarty D J *et al* 2013 *Phys. Rev. Lett.* **110** 265003

[56] Crowley B J B 2014 *High Energy Density Phys.* **13** 84 – 102

［57］　Rosmej F B 2018 *J. Phys. B: At. Mol. Opt. Phys.* **51** 09LT01

［58］　Ecker G and Kröll W 1962 *Phys. Fluids* **6** 62 – 9

［59］　Iglesias C A and Sterne P A 2013 *High Energy Density Phys.* **9** 103 – 7

［60］　Lyon S P and Johnson J D 1992 Sesame: The Los Alamos national laboratory equation of state database *LANL Technical Report* LA – UR – 92 – 3407

［61］　More R M 1994 *Laser Part. Beams* **12** 245 – 55

［62］　Feynman R P, Metropolis N and Teller E 1949 *Phys. Rev.* **75** 1561 – 73

［63］　Salzmann D 1998 *Atomic Physics in Hot Plasmas* (Oxford: Oxford University Press)

［64］　More R M 1981 Atomic physics in inertial confinement fusion *Report* UCRL 8499

［65］　Ying R and Kalman G 1989 *Phys. Rev.* A **40** 3927 – 50

［66］　Shemyakin O P, Levashov P R and Krasnova P A 2019 *Comput. Phys. Commun.* **235** 378 – 87

［67］　More R M, Warren K H, Young D A and Zimmerman G B 1988 *Phys. Fluids* **31** 3059 – 78

［68］　Hasegawa M and Young W H 1980 *J. Phys. F: Met. Phys.* **10** 225 – 34

［69］　Kraus R G *et al* 2012 *J. Geophys. Res.* **117** E09009

［70］　Jeanloz R 1979 *J. Geophys. Res. : Solid Earth* **84** 6059 – 69

［71］　Huang H-J, Jing F-Q, Cai L-C and Bi Y 2005 *Chin. Phys. Lett.* **22** 836 – 8

［72］　Forsman A, Ng A, Chiu G and More R M 1998 *Phys. Rev.* E **58** R1248

［73］　Price D F, More R M, Walling R S, Guethlein G, Shepherd R L, Stewart R E and White W E 1985 *Phys. Rev. Lett.* **75** 252 – 5

［74］　Ashcroft N W and Mermin N D 1976 *Solid State Physics* (Philadelphia, PA: Saunders College Publishing)

［75］　Mazevet S, Clérouin J, Recoules V, Anglade P M and Zerah G 2005 *Phys. Rev. Lett.* **95** 085002

［76］　Ng A, Celliers P, Xu G and Forsman A 1998 *Phys. Rev.* E **52** 4299

［77］　Brysk H 1974 *Plasma Phys.* **16** 927 – 32

［78］　Chiu G, Ng A and Forsman A 1997 *Phys. Rev.* E **56** R4947 – 50

［79］　Dharma-Wardana M W C and Perrot F 1998 *Phys. Rev.* E **58** 3705 – 18

［80］　Luo S-N and Ahrens T J 2004 *Phys. Earth Planet. Inter.* **143 – 144** 369 – 86

［81］　White S *et al* 2020 *Phys. Rev. Res.* **2** 033366

第 2 章 冲击与斜波压缩

2.1 总体背景

通过冲击波产生高压是一个已经被学界详细研究了 70 多年的课题[1-2]，许多研究者也对其进行了细致的描述[3-7]。早期的研究大部分都集中在固态物质上，尽管它可能已经发生了相变，例如，铁在大约 13 GPa 的冲击压力下，将从体心立方相转变为六方紧密堆积相[2]。由于本书主要阐述和 WDM 相关的性质，故而我们仍然将关注点集中在冲击波驱动固体靶产生足够高的压力，该压力足以将样品加热到熔化温度以上。因此，在这本书中，我们只回顾一些与 WDM 实验研究相关的重要观点，当然，冲击加载压力状态下样品的融化温度也是我们需要关注的一个问题。通常情况下，我们会在冲击加载过程中观察到冲击波使样品的压力、密度和温度突然升高的现象。

我们推导出一些控制冲击波传播的守恒定律。假设一个活塞向初态静止的物质内运动，在其前方驱动一个冲击波，如图 2.1 所示。压缩前后的密度分别为 ρ_0 和 ρ，活塞以 u_p 的速度运动，驱动的冲击波以速度 u_s 进入活塞前面未受扰动的物质中。在短时间内，被冲击压缩的材料单位面积质量为 $\rho_0 u_s \Delta t$，这应等于运动活塞和冲击波前之间的材料的单位面积质量 $[\rho(u_s - u_p)\Delta t]$。由此我们得到了第一个雨贡纽方程：

$$\rho_0 u_s = \rho(u_s - u_p) \tag{2.1}$$

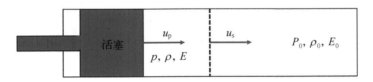

图 2.1　活塞以速度 u_p 驱动样品，获得驱动冲击波速度 u_s 的示意图

　　式（2.1）实际上是质量守恒的物理描述。由此，可以看出，如果我们能同时测量粒子速度和冲击波速度，就能推断出压缩率。接下来，我们考虑冲击材料的动量守恒。由于压力是单位面积上的力，在冲击波阵面上短时间作用的力引起的动量（冲量）变化由 $(p-p_0)\Delta t$ 给出，它等于单位面积冲击材料的质量 $\rho_0 u_s \Delta t$ 乘以其运动速度 u_p。因此，我们得到了第二个方程：

$$p - p_0 = \rho_0 u_s u_p \tag{2.2}$$

　　所以，测量冲击波和粒子的速度，不仅可以得到冲击密度，还可以得到冲击压强。在冲击产生 WDM 的过程中，冲击压力一般大于 100 GPa，因此压力通常可以近似为

$$P = \rho_0 u_s u_p \tag{2.3}$$

　　最后，考虑整个压缩过程中的能量守恒。从式（2.1）的讨论中可以看到，在一个小的时间增量范围内，压缩材料的体积变化为 $u_p \Delta t$。因此，活塞在压缩材料时所做的功 $P\mathrm{d}V$ 可表示为 $Pu_p \Delta t$。所做的功转化为材料运动的动能以及压缩物质的内能：

$$Pu_p = \rho_0 u_s \left[(E - E_0) + \frac{u_p^2}{2} \right] \tag{2.4}$$

其中，上式两端的单位均为单位时间内单位面积上的能量，E 为比内能，单位为能量/单位质量。假设样本的初始条件已知，则有五个未知量，分别是被冲击物质的压力 P，密度 ρ，内能 E，冲击波速度 u_s 和冲击波后物质的粒子速度 u_p。如果我们测量这些参数中的任何两个，原则上就可以求解出其他参数。联立上述三个方程就可以得到兰金-雨贡纽方程：

$$E - E_0 = \frac{1}{2}(P + P_0)(V_0 - V) \tag{2.5}$$

式中，$V_0 = 1/\rho_0$ 和 $V = 1/\rho$。对于每个冲击压力值，被压缩物质的内能和密度都有唯一的增加值，这些值的轨迹就是冲击雨贡纽曲线。上述讨论主要集中在冲

击波阵面两侧的守恒条件上。值得一提的是：为什么会形成冲击波？简言之，这主要是由于固体的声速 c_s 与等熵体积模量 K_s 有关：

$$c_s = \sqrt{\frac{K_s}{\rho}} \tag{2.6}$$

因为几乎对于所有材料，K_s 均会随压力增加而增加，这将导致声速随着压力增加而增大，进而导致图 2.2(b) 中的情况，从中我们看到：当高压区扰动的声速追赶压力波前沿时，任意的压力分布都会变陡形成冲击波。冲击气体[3] 中也出现了类似的情况，其中压力代替了式(2.6)中的体积模量。

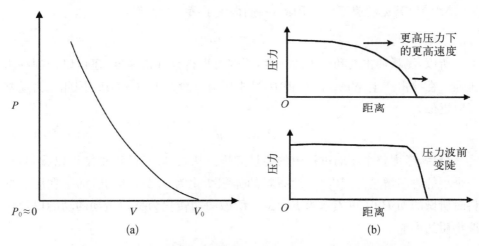

图 2.2　任意材料的典型的雨贡纽曲线图(a)和声速随压缩的增加导致
压力剖面变陡为冲击波前沿的简单示意图(b)

对于给定压力下特定材料的冲击，不仅存在特征比体积，还存在特征冲击速度、粒子速度和温度，因此，通常使用这些不同变量绘制雨贡纽曲线。值得注意的是，即使我们通过测量两个量(如冲击和粒子速度)来求解上面的兰金-雨贡纽方程也不能给出材料的冲击温度。同时，作为冲击压缩条件下材料状态方程的一部分，内能 E 必须通过已知热容与温度才能得到。在第 5 章中，我们将介绍一些用于测量冲击温度的技术。然而，在许多情况下，我们通过对其他参数(如冲击速度)的实验测量以及给出给定冲击压力下温度的状态方程来推断温度。More 等[8] 给出的普适状态方程(QEOS)就是一个显著的例子，该数据库已经被集成在模拟材料冲击压缩的程序中(见第 1 章)。图 1.1 给出了取自 SESAME 状态方程数据库[9]的铁和氢的雨贡纽曲线和温度。值得注意的是,压缩物质不会沿着这些曲线演化,但对于给定的冲击压力,它会从环境条件跳到曲线上的某个点。如文献[10]所述,对于较弱到中等的冲击,冲击速度可能比弹性波慢,我们可能会看到两次冲击,其中一次是弹性前驱波,详细讨论见文献[11]。对于 WDM 实验,我们通常对冲击感兴趣,其中压力大到足以使样品完全熔化,且冲击波速度大于弹性波速,因此我们在本书中不再进一步讨论冲击波速度比弹性波慢的情况。

在图 2.2(a)中,我们可以看到随着样品被压缩,压力曲线的陡峭度随着压力的增加而上升。对于非常强的冲击,我们可以考虑一个熟知的结果,即理想气体的最大压缩比:

$$\frac{\rho}{\rho_0} = \frac{(\gamma_a + 1)}{(\gamma_a - 1)} \tag{2.7}$$

其中,绝热指数 γ_a 的值取决于自由度 F,由 $\gamma_a = (F+2)/F$ 给出,因此,如果假设我们的样品实际上是一种只有三个平动自由度的单原子气体,那么 $\gamma_a = 5/3$,最大压缩比为 4。当然,固体比气体更难压缩,需要远高于 100 GPa 的冲击来实现大的压缩,这将在下面的示例中讨论。

固体中一个重要的实验观察结果是,冲击波速度 u_s 和冲击波波后的粒子速度 u_p 之间几乎呈线性关系:

$$u_s = u_0 + b u_p \tag{2.8}$$

例如,对于 Fe,这里的常数为 $u_0 = 3\,935$ m·s^{-1} 和 $b = 1.578$[12],即使预计在 220～280 GPa 的压力下铁会发生冲击熔化,甚至在高于 400 GPa 的压力下,上述关系也具有良好的线性拟合特性。Seigel[10]认为 u_0 的值可能是流体力学声速。事实上,对于不同材料,u_0 在声速的 20% 以内,铁本身也是如此(声速为 4.99 km·s^{-1})。表 2.1 给出了一些材料的参量数值。

表 2.1　几种材料的冲击压缩参数(实验拟合为 $u_s = u_0 + b u_p$)[13]

元　素	密度/(g·cm^{-3})	u_0/(km·s^{-1})	b
锂(Li)	0.534	4.77	1.066
铝(Al)	2.703	5.24	1.4

续　表

元　　　素	密度/(g·cm^{-3})	u_0/(km·s^{-1})	b
铜(Cu)	8.93	3.94	1.489
锡(Sn)	7.287	2.59	1.49
钽(Ta)	16.69	3.41	1.2
钨(W)	19.3	4.03	1.237
金(Au)	19.3	3.08	1.56

利用式(2.1),我们可以得到冲击波速度和粒子速度之间的线性关系:

$$\frac{\rho}{\rho_0} = \frac{u_0 + bu_p}{u_0 + (b-1)u_p} \tag{2.9}$$

在更强的冲击下,当 u_p 变大时,极限压缩比为 $b/(b-1)$。对于铁极限压缩比约为 2.7,而对于其他材料,尤其是 Li,预测它的极限压缩比甚至大于 4,4 倍为单原子理想气体的最大压缩比。从表 2.1 可以看到 u_0 和 b 的值有一个合理范围。然而,先前的研究已经表明,在约大于 1 TPa 的压力下,金属显示出所谓的通用雨贡纽方程:

$$u_s(\text{km/s}) \approx 5.9 + 1.22u_p \tag{2.10}$$

这适用于从 Al($Z = 13$) 到 Mo($Z = 42$)[14] 的金属元素,以及金属氧化物(如 $Gd_3Ga_5O_{12}$)[15],并可以描述普遍的金属化流体。

到目前为止,我们的讨论主要还是针对样品的主雨贡纽,样品的初始状态通常是 $P_0 = 0, T \approx 300$ K 的环境条件,有时我们也可以从不同的初始条件对样品进行冲击压缩实验,例如,金刚石压腔(DAC)可以将氦气和氢气[16]预压缩至 GPa 压力。

如图 2.3 所示,通过该技术我们给出了基于每个不同的起始压力所获得的不同雨贡纽。这允许对产生的压力和温度进行一定程度的独立控制,使我们能够更好地探索木星等气态巨行星的等熵压缩,而这仅在一个起始压力下是不可能的。这种方法蕴含的原理可以通过考虑单次冲击产生的熵来理解。对于理想气体,熵 S 可由以下公式得出:

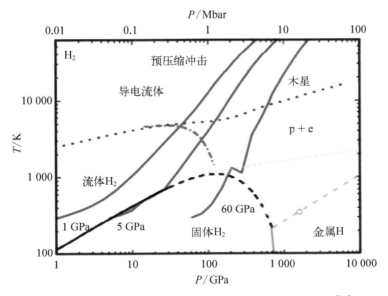

图 2.3　在不同初始压力范围内计算的氢气的冲击雨贡纽[16]

$$\Delta S = C_V \ln\left[\frac{PV^{\gamma_a}}{P_0 V_0^{\gamma_a}}\right] \tag{2.11}$$

在冲击过程中熵总是正的,且是一个不可逆的过程。所以,通过选择一个不同的起点,我们可以获得给定终态冲击压力的不同熵,从而产生不同的雨贡纽。迄今为止,我们不仅考虑了不同起始压力所对应的单次冲击压缩,而且考虑了多次冲击压缩。可以证明,对于弱冲击波,冲击波前沿熵的不连续性由下式给出:

$$S - S_0 = \frac{1}{12T_0}\left[\frac{\partial^2 V}{\partial^2 P_0}\right]_S (P - P_0)^3 \tag{2.12}$$

从上式可以看到,熵和压力差的三次方存在依赖关系。如果我们希望将样品冲击至给定的终态压力($P > P_0$),分两个阶段进行,首先冲击至 $P/2$,再冲击至 P,产生的熵为单次冲击中熵的 1/4。过去,有几位作者在实验和模拟研究[17-19]中探索了激光驱动冲击波的这种方法,其中强冲击波与早期以较慢的速度传输的弱冲击波合并,以产生超过单一冲击波极限的压缩,同时限制温度升高。

图 2.4 展示了基于 HYADES 辐射流体程序进行的两个流体力学模拟的结果[20],它说明这种压缩过程的可能性。模拟中将一个涂有 5 μm CH 的 50 μm

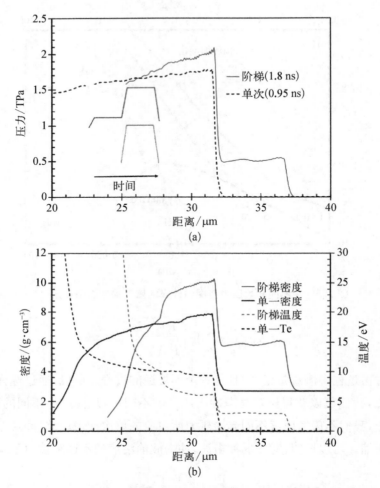

图 2.4   用 HYADES 程序模拟的流体力学剖面(在这里只展示了 Al 靶)

(a) 当主冲击波前沿到达箔片的中间附近时,单冲击波和阶梯冲击波的压力大致相同;(b) 台阶靶情况,尽管压力相近,但在样品产生了更高密度和更低温度的偏离冲击雨贡纽线

厚的铝箔作为烧蚀器,用 351 nm 的激光脉冲驱动冲击,该脉冲的上升和下降时间为 0.2 ns,顶部宽度为 1 ns。在第一次模拟中,使用强度为 10^{14} W·cm^{-2} 的单脉冲。这会在铝(Al)中产生冲击速度约为 33 km/s 的强冲击波,强冲击波压缩 Al 的密度达到了 8 g/cm^3,这接近使用上述普适的雨贡纽方法所达到的压缩状态。在第二个模拟中,使用了一个形状相似的预脉冲,它比主脉冲早 1.2 ns,强度较低,仅为 2.5×10^{13} W·cm^{-2}。该预脉冲产生较弱的一次冲击(冲击速度

约为 18 km/s)压缩,与普适雨贡纽的预测结果比较一致。第二个更强烈的冲击赶上第一个冲击并压缩预冲击样品,达到接近 10 g·cm^{-3} 的密度,这远远超过单次冲击雨贡纽的压缩极限。正如我们所见,主脉冲驱动所达到的终态冲击压力与单次冲击类似,这主要是因为我们使用了相同峰值强度的激光。

当今,脉冲整形技术[21]允许我们更精准地调整激光脉冲波形以控制驱动样品上的压力形状。例如文献[22-23]关于激光驱动聚变的早期工作表明,球形微靶丸的等熵压缩应使用"凹"形压力历史:

$$P(t) = P_0(1 - \tau^2)^{-2.5} \tag{2.13}$$

式中,$\tau = t/t_c$,t_c 是压缩芯的坍塌时间。这样的脉冲整形可用于 WDM 实验,以产生更柔和的斜波压缩,使其更接近等熵条件,并允许我们探索偏离冲击雨贡纽的更宽范围条件[24-25]。我们应该注意到,在许多情况下,等熵压缩将产生低于我们通常认为的 WDM 区的温度样本。例如,Amadou 等[26]使用准等熵脉冲探索了压力高达 700 GPa 条件的铁熔化线,这条件与可能的"超地球"外行星内部状态相关。

对于 WDM 研究,我们通常不再对晶体状态的样品感兴趣,冲击加热的一个重要方面是确定样品的熔点。如上所述,我们期待冲击加热样品,其产生的熵会随着冲击压力迅速增加。样品熔化温度通常会随着压力的增加而增加,即所谓的熔化线,但其增加速度比冲击压力升高温度的速度慢。因此,在一定冲击压力下,雨贡纽将穿过熔化线,如图 2.5 所示。有几种不同的判据可用于确定固体在什么时候熔化,有关综述见参考文献[27]。林德曼判据假设当原子从其晶格位置的平均位移达到晶格间距的特定部分时,就会发生熔化。因此,熔化温度可以作为密度 ρ 的函数,由下式给出:

$$T_m(\rho) = \alpha\Theta_D^2/\rho^{2/3} \tag{2.14}$$

式中,Θ_D 是材料的德拜温度,α 是材料相关常数。对于 Mbar(100 GPa)范围内的压力,这种依赖性会导致更高的熔化温度。例如,铁只有在压力达到约 220 GPa 时才开始熔化,熔点约为 6 000 K[28],该温度远高于环境压力下的 1 811 K。熔化可以在冲击实验中通过温度对冲击雨贡纽的影响来观察。图 2.2(a)中所示的主雨贡纽曲线是平稳变化的。如果存在熔化,这将在雨贡纽曲线中显示为一个拐点,该过程中用于压缩和加热的能量被转变为熔化所需要的潜热,如图 2.5 所示。例如,可以通过对冲击温度的观测来观察这一特性,该温度由一系列实验中的冲击突变的光发射测量值确定,实验中的压力在熔化发生的区域范围内不断增加[29]。此外,对冲击速度随压力变化进行测量也可显示熔化发生的拐点[30-31]。值得注意的是,尽管固-固相变的压力较低,其也会对冲击雨贡纽产生类似的影响,但对于 WDM 研究我们通常更关注样品的熔化。

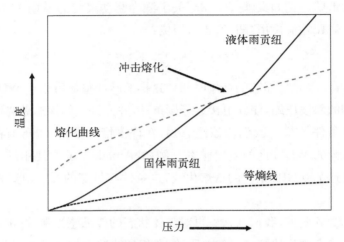

图 2.5　等熵压缩与冲击压缩的比较示意图

通过改变压缩发生的速率,原则上可以探索高温冲击态和等熵压缩态之间的区域

在图 2.5 中,我们看到固体的熔化曲线随压力上升,但高于给定压力的冲击样品将开始熔化,而相同压力的等熵压缩可能使样品成为固体。在很短的一段时间内,雨贡纽和熔化曲线近乎重合,因为增加的压力会导致更高的熔化,直到熔化完成,我们在更高的压力下观测到了液体雨贡纽。如前所述,原则上熔化开始和结束的点可以通过观察冲击波前沿的光发射来确定。一种有趣的可能性是,在冲击压缩下熔化的样品可以通过进一步的准等熵压缩重新凝固,这种压缩不会使温度显著升高,但会使熔化温度高于冲击加热温度,从而导致凝固,虽然不一定是原来的晶体结构。事实上,在几种材料中都观察到了这种效应,参见文献[32-34]。

在本节中,我们已经讨论了将强激光、纳秒激光聚焦到固体靶上从而进行冲击和斜波压缩的方法,实际上这是目前主要采用的方法之一[35-36]。在下一节中,我们将考虑这种方法所能达到的压力范围和必须考虑的一些实验限制。接下来我们将讨论其他直接驱动冲击技术,如 X 射线和离子束。然后,我们将讨论驱动飞片产生冲击的几种方法,再讨论阻抗匹配,这是飞片和直接驱动冲击在冲击波物理工作中的一项重要技术。

2.2 强激光直接驱动冲击

从图 2.6 中可以看到固体靶的激光驱动冲击的简单示意图。文献[37-39]对高强度激光脉冲入射到固体表面时产生等离子体的机制进行了详细讨论。对于激光冲击实验,我们通常关注激光波长 λ 和强度 I 遵循的区域:

$$I\lambda^2 < 1 \times 10^{15} \text{ W} \cdot \text{cm}^{-2} \tag{2.15}$$

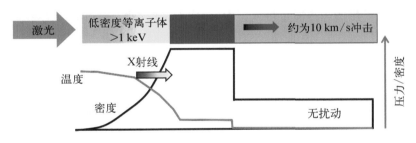

图 2.6 激光驱动冲击的示意图

入射激光在固体靶表面产生热等离子体,热等离子体从表面烧蚀驱动 1 Mbar① 压力的冲击波进入固体

在这种情况下,激光主要的吸收机制是逆韧致吸收(碰撞吸收)[40]。这主要是由于当强激光与固体表面产生的等离子体相互作用时,靶前方形成的等离子体冕区可能会出现各种不稳定性。例如,成丝或受激拉曼散射,这两种散射都可以产生快电子,从而穿透并预热固体靶。这意味着我们不再对初始预冲击靶的条件有很好的了解,这在某种程度上使得应用兰金-雨贡纽方程变得更加困难。例如,空间尺度为 L 的冕区等离子体受激拉曼散射的强度阈值[41]为

---

① 1 bar=10^5 Pa。

$$I_{thresh} > \frac{5 \times 10^{16}}{L^{4/3} \lambda^{2/3}} \text{W} \cdot \text{cm}^{-2} \tag{2.16}$$

式中,L 和激光波长 λ 以微米为单位。冕区等离子体的温度通常在 keV 左右,并以 2×10^5 m/s 的典型速度膨胀,1 ns 后等离子体空间尺度 L 预计大于 200 μm,这种情况下对于 527 nm 的激光,受激拉曼散射的激光阈值强度低于 10^{14} W · cm^{-2}。Trainor 和 Lee[42] 已经讨论了冲击实验中超热电子的预热问题,激光能量吸收机制主要是逆韧致吸收,发生在临界密度附近,临界密度由文献[39]给出:

$$n_c(\text{cm}^{-3}) \approx \frac{10^{21}}{\lambda^2(\mu m)} \text{W} \cdot \text{cm}^{-2} \tag{2.17}$$

对于典型的光学激光器实验,临界密度仅为固体密度的几百分之一。然而,可以通过电子热输运将能量带入靶中,形成稠密的高温烧蚀面,压力驱动冲击波进入固体靶。

2.2.1　压力的产生

关于等离子体中电子热输运的主题已经有大量的文献报道,但在这里我们将考虑一个简单的模型来估计预期的冲击压力。该模型基于自由流极限的概念,假设等离子体中的电子以热速度 $v_t = \sqrt{3k_B T_e/m_e}$ 沿温度梯度梯度下降的方向流动。通常模拟电子热流作为自由流动极限 f 的一部分[43-44],在临界密度下,电子热流 Q_e 等于单位面积上的激光能量吸收率 I_{abs}:

$$I_{abs} = Q_e = \frac{1}{2} m_e v_t^2 (f n_c v_t) \tag{2.18}$$

利用式(2.17)和热速度的定义,在临界密度下,可以确定电子温度:

$$T_e = 0.32 \left[\frac{I_{abs}}{f}\right]^{2/3} \lambda^{4/3} \tag{2.19}$$

其中,T_e 以千电子伏(keV)为单位,I_{abs} 以 10^{14} W · cm^{-2} 为单位。例如,以 $f = 0.1$、$I_{abs} = 1$ 和 $\lambda = 0.53$ μm 为输入参数,可以估计出 $T_e \approx 0.6$ keV[45]。如果假设压力作用于临界密度面,可以用理想气体状态方程来导出:

$$P(\text{TPa}) = n_c k_B T = 0.24(I_{\text{abs}})^{2/3}\lambda^{-2/3} \tag{2.20}$$

压力约为 0.4 TPa。这种简单的方法低估了冲击压力,因为热量实际上是在向临界密度以上区域流动,但它给出了我们所期望压力所处的数量级范围。实验上有几种定标率可用来给出冲击压力与激光强度和波长的函数关系。例如,Thompson 等[46]给出了经验定标率:

$$P(\text{TPa}) = 0.8(I_{14})^{3/4}\lambda^{-1/2} \tag{2.21}$$

其中,激光强度单位为 10^{14} W·cm^{-2},波长单位为微米。可以看到,在相同的条件下,按简单估算方式,计算得到的压力在 1 TPa(10 Mbar)数量级。该定标率与其他作者在模拟和实验中的结果基本一致[47]。从式(2.21)中可以看出,较短的波长将增强压力。这主要是因为,对于较短的波长,能量可以在较高的临界密度附近沉积,这样碰撞吸收更有效,激光能量沉积面更靠近烧蚀波前。正如我们从式(2.16)中所看到的,较短波长的不稳定性阈值较高,这降低了快电子产生,穿透样品并预热样品的概率。

产生的冲击速度不仅取决于压力,还取决于靶材料,对于较低密度,冲击速度更快,通常在 10~30 km·s^{-1} 范围内。这意味着对于 1 ns 的典型激光驱动持续时间,在移除压力源之前,可以压缩厚度为 10~30 μm 的样品。这个计算使我们需要进一步考虑辐射预热。

在 1 keV 的温度下有显著的电离发生;对于中 Z 元素,我们预计在几千电子伏范围内会有显著的 X 射线发射。与快电子一样,这些 X 射线会在冲击压缩之前对样品预热。例如,5 keV 光子在铝中的衰减长度约为 20 μm[48]。这与我们在典型的纳秒脉冲持续时间内可以驱动冲击波的厚度相当,因此在许多激光驱动实验中,预热可能是一个需要克服的问题。缓解该问题的一种方法是在样品材料表面使用低 Z 烧蚀层材料。Z 值越低,产生的 X 射线强度越小。在某些情况下,可在烧蚀层和样品之间使用高 Z 材料的特殊预热屏蔽层[49]。

较低 Z 的烧蚀层不只是减少 X 射线的预热,它还能影响样品的冲击载荷历史。密度失配导致力学阻抗失配,从而引起冲击波多次反射。如果烧蚀层是低密度材料,如派瑞林 N、聚苯乙烯,其密度通常低于样品的密度,这意味着烧蚀层中产生的冲击会被界面反射。当反射冲击波到达烧蚀表面时,继而产生一个卸载波,卸载波将向内向高压区传播。例如,Swift 和 Kraus[50]以及 Ng 等[51]对这种效应进行了详细研究,结果表明这种效应会增加冲击压力,但会缩短施加压力的时间。图 2.7 给出了两种情况下的压力历史比较,一种是直接受激光照射的 Fe,另一种是涂有 CH 烧蚀层的 Fe。可以看到,对于涂有 CH 烧蚀层的情况,Fe 所达到的冲击压力几乎是无烧蚀层的两倍。然而,该峰值压力衰减很快,而在裸铁情况下,压力衰减慢,且在整个样品中具有更平坦的轮廓。

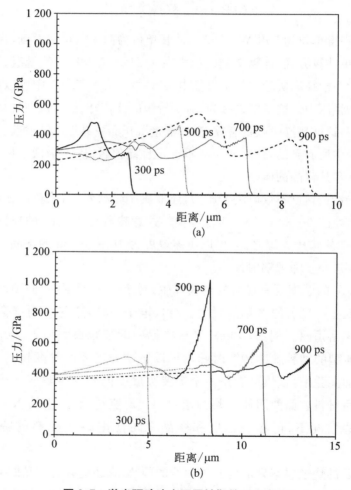

图 2.7　激光驱动冲击不同铁靶的压力变化

(a) 527 nm 激光照射下裸铁靶的压力分布,脉冲以 300 ps 的速度上升,强度在 2×10^{13} W·cm^{-2} 处呈现平台,持续 1 ns,然后下降到 300 ps 以上,Fe 最初厚度为 10 μm;(b) 使用相同的激光照射有 5 μm CH 涂层的 10 μm 厚铁箔

2.2.2　焦斑均匀性

在激光驱动产生冲击波的实验中,一个需要重点考察的因素是激光照射的均匀性。理想情况下,大焦斑(半径大于 100 μm)上的平顶强度分布是理想的,以便产生可与数十微米厚度样品的一维流体力学模拟进行比较的冲击波。对于这一问题,一个重要的解决方案是使用光学装置,如随机相位板[52],它可以很方便地装配在激光束线上。这些装置从 20 世纪 80 年代中期就出现了,现在已有多种类型[53]。图 2.8 不仅展示了如何生成相对平顶的焦斑,还展示了焦斑形状,激光焦斑不必是圆形。

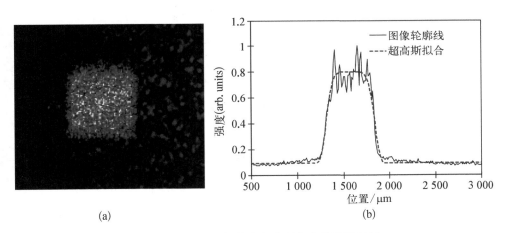

（a）

（b）

图 2.8　使用相位板技术可实现焦斑整形的示例

（a）方形焦斑,标称侧边为 0.5 mm,焦斑周围的低阶平台是由于高阶衍射和制造缺陷造成的;（b）用超高斯拟合的穿越光斑中心部分激光强度平均的轮廓分布

相位板工作的基本原理:它们被划分为许多小区域,其中沉积的抗蚀剂将引起光程长度的变化,进而导致 π 或 0 弧度光束的有效相位变化,这个变化过程是随机分配的。其效果是将光束分成许多小束,这些小束在靶面上重叠,在平滑的整体包络中形成高频散斑图案。

散斑大小取决于透镜的衍射极限光斑大小,而衍射极限光斑大小又取决于透镜的焦距 f_l、光束直径 Φ 和激光波长 λ。对于高斯分布光束,透镜将在焦点处产生直径(由第一个最小值定义)如下所示的艾里斑:

$$d = 2.44 f_l \lambda / \Phi \tag{2.22}$$

通常，它是 μm 数量级。例如，对于具有 0.527 nm 波长和 1 m 焦距的 10 cm 光束，$d = 12.8$ μm，这是预计的散斑尺寸。对于纳秒脉冲，可以形成许多 10 μm 数量级的冕区等离子体，临界密度面偏离施加最大压力的烧蚀表面。因此，对于纳秒脉宽的典型激光脉冲，期望高频散斑能被冕区等离子体的横向热输运匀滑。

被相位板分割的元件的尺寸大小与产生的整体焦斑的大小成反比，这可以通过式（2.22）确定。如果我们希望有一个 100 μm 的焦斑，其具有典型的 527 nm 波长、焦距 $f_l = 1$ m 的光束，那么可以用式（2.22）表明需要元件单元尺寸（约为 12 mm）。因此，对给定的焦距，光束越大，光学单元越多，统计平均值越大，辐照轮廓越平滑。较大系统的另一个优点是对于给定的辐照度可以使用更大的焦斑，散斑尺寸与焦斑大小的比值更小。使用更大的焦斑也使得实验在本质上更具有一维性。因此，一般而言，本工作首选高能量（大于 100 J）系统。

还有其他可以考虑的光束匀滑方法，如诱导空间非相干（ISI）技术[54-55]，该技术的不同之处在于它不依赖于固定的散斑图案，而依赖于散斑在时间尺度上的快速波动。ISI 要求使用宽带激光器，其中脉冲的相干时间由以下公式给出：

$$\tau = \frac{1}{\Delta\nu} \tag{2.23}$$

如果我们在光束中放置一个阶梯状的反射镜，可以将光束分成多个小光束，每个小光束相对延迟。与随机相位板一样，当这些小光束在透镜焦点重叠时，它们会瞬间产生干涉图案。然而，如果小光束之间的延迟大于相干时间（可以是亚皮秒），则波动图案会转变为平滑的干涉图案。另一种光束匀滑系统是光谱色散匀滑技术（SSD），可与相位板一起使用。光谱色散的宽带激光脉冲入射到相位板上，不同频率的激光辐照每个单元，由干涉束产生的散斑图案会根据带宽在时间尺度上快速移动。

冲击波如何接近一维的问题是任何类型的冲击实验所关注的，特别与激光驱动的冲击工作相关，为了达到 TPa 状态，通常使用直径小于 1 mm 的激光焦斑。为了保持一维冲击，必须考虑靶的厚度。Eliezer[13] 的研究给出了一个判定标准，即在驱动冲击波的焦斑边缘，稀疏波以冲击波区的声速 c_s 向内传播。如果冲击波以 u_s 的速度传播，那么它到达厚度为 d 的箔片后部的时间将为 $t = d/u_s$，稀疏波部分将向内传播 $c_s d/u_s$ 的距离。要维持冲击波的平面性，在大的中心区域，焦斑半径至少要满足 $R_L > 2c_s d/u_s$，由于受冲击材料的声速高于冲击速度,因此近似为 $R_L > 2d$。 该判据适用于所有类型的冲击波实验。

对于激光驱动的冲击波,一个不可忽视的问题是,即使有一个比冲击样品厚度大几倍的标称焦斑值,由激光-靶相互作用产生的冕区等离子体的尺寸也是有限的,并且可能不会以一维方式膨胀,从而影响激光能量向压力的耦合。例如,对于图 2.7 中的情况,临界密度面以大约 2×10^5 m/s 的速度远离烧蚀表面,依据脉冲的时间峰值可知临界密度在 100 μm 之外。这意味着需要一个大小是该值几倍的大焦斑激光,以保持整个过程的一维性。除了激光等离子体不稳定性对标度长度的依赖性外,临界密度和固体之间逐渐增加的距离可能会限制激光脉冲的长度,该激光脉冲被用来有效地驱动冲击穿过厚靶。

在本节中,我们讨论了强激光冲击的产生。在第 2.6 节中,我们将讨论阻抗匹配实验,这是获得冲击压缩材料状态方程的重要方法。在此之前,我们讨论其他一些冲击方法将是有益的,因为它们也是基于阻抗匹配实验。

2.3　X 射线驱动的冲击

使用强激光直接驱动冲击波的可替代方法是使用激光产生能量在亚千电子伏至千电子伏范围内的强 X 射线通量,并使用该通量产生冲击波。如果样品设计良好,这在提高冲击驱动的空间平滑度和减少预热方面具有明显优势。我们将在第 3 章中进一步看到,入射在高 Z 材料上的强激光可以是有效的 X 射线源,特别是在亚千电子伏区域,其转换效率超过 50%[56-58]。对于亚千电子伏的 X 射线,固体中的吸收长度通常为微米或亚微米(例如,500 eV 光子在 Al 中的吸收长度仅为 0.5 μm),因此它们可用于烧蚀样品表面,施加烧蚀压力,进而驱动冲击波。Pakula 和 Sigel[59-60] 给出了一自相似、烧蚀、辐射驱动的热波产生的冲击压力,如:

$$P(\text{TPa}) = 3.5C^{3/26}I^{10/13}t^{-3/26} \tag{2.24}$$

其中,I 是恒定激光强度,单位为 10^{14} W·cm^{-2};t 是辐照开始后的时间,以 ns 为单位;常数 C 取决于材料,如对于金(Au)其 C 值约为 7。产生强 X 射线源的有效方法是用强激光束照射毫米或亚毫米大小的金腔(黑腔)内部,如图 2.9 所示。该封闭空腔内 X 射线的发射和再吸收产生了一个准黑体源,根据空腔的大小,该黑体源通常具有 $100\sim200$ eV 的等效黑体温度[61]。黑腔中的出口孔使辐射照射到样品靶上,样品靶通常有一个"烧蚀层",由低 Z 材料(如 CH)构成。该层的烧蚀导致产生驱动冲击所需的压力。通过这种方式,Löwer 等[62]产生了与式(2.24)基本一致且高达 200 GPa(20 Mbar)的压力。

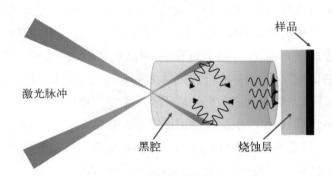

图 2.9　用于产生准黑体强辐射场的黑腔靶示意图

发射光谱的峰值通常约为 0.5 keV,该能量光子在 CH 中的衰减长度约在 1 μm 数量级

该方法用于驱动冲击的一个明显优点是,在转换为 X 射线的过程中,将光学激光轮廓中的不均匀性进行平滑处理,从而可以产生更均匀的冲击波。除此之外,考虑到产生 X 射线的激光等离子体与冲击采样物理分离,这意味着在激光等离子体中产生的快电子不太可能预热样品。Rothman 等[49]描述了使用该技术进行高精度(1%)冲击速度测量的最新应用,随后使用 2.6 节中描述的阻抗匹配技术,可以对高达 200 GPa 压力范围的状态方程进行细致的研究。

高功率激光并不是产生驱动冲击强 X 射线的唯一来源。Z 箍缩装置的 X 射线也被用于间接驱动 Mbar 级压力冲击[63]。在圣地亚国家实验室的 Z 装置中,20 MA 电流驱动丝阵箍缩可在几纳秒的时间内产生高达 1.7 MJ 的 X 射线[64]。丝阵装配在直径约为 2.5 cm 的一个腔室内,产生一个准普朗克辐射场,等效温度高达 150 eV。通过放置不受丝阵影响的、典型直径和长度为 $5\sim6$ mm 的次级黑腔,可以产生黑体温度为 $50\sim100$ eV 的均匀辐射场,在次级黑腔末端驱动冲击样品。

对于由 X 射线辐射驱动的冲击,要注意将辐射预热降至最低,以便有明确的初始条件。例如,对于金激光等离子体源,从激光能量到 M 带的转换效率很容易达到百分之几[58],光子能量跨越 $2\sim4$ keV 的能量范围。这意味着,对于低

Z 烧蚀层,如聚对苯二甲酸乙二醇酯,只有当层厚大于 100 μm 时,才能避免冲击样品的显著预热。如下所述,对于文献[63]中辐照烧蚀材料为 100 μm 的铝 (Al),由此产生的冲击波要么传输至邻近的 Be 样品材料中,要么用于加速 Al 形成飞片。对于 Au 预热屏蔽的黑腔实验[49],使用的烧蚀层厚度为几微米。

2.4　离子束驱动的冲击

替代激光驱动冲击的一种可能方法是使用离子束。正如我们将在下一章中看到的,目前正在开发的离子束装置可以提供固体密度物质的体积加热,足以直接产生 WDM 态。然而,也有人提议利用这种性能产生冲击[65-71],并进行了初步实验。

在早期的实验中[65],Ewald 等已经证明,微秒脉冲约为 10^{11} U^{+28} 离子的平均沉积能量为 1.5 MJ/kg,在邻接铅吸收层的有机玻璃样品中产生 15 kbar (1.5 GPa)数量级的冲击波,温度达到 0.2 eV。在这个实验中,冲击波是沿着离子束的方向驱动的,铅吸收层厚度为几毫米,大于离子射程,产生的冲击压力不足以进入 WDM 状态。然而,升级装置(如 FAIR 项目[72])的目标是产生脉宽 50 ns,能量大于 1 GeV/u,粒子数大于 10^{12} 的 U^{+74} 离子束,其中 u 是原子质量单位。这可用于在铅靶中实现高达 600 MJ/kg 的能量沉积。第 3 章将更全面地讨论物质中离子的射程问题,但我们注意到,对于此类高能离子,离子射程范围将超过 1 cm,即使对于像 Pb[73]那样的高 Z 材料,也可实现能量在几毫米路径上的均匀能量沉积。结合亚毫米焦斑实现的可能性,这论证了利用其他可能的装置来产生驱动冲击的可行性。

如图 2.10(a)所示,将离子束椭圆聚焦到宽度低至 100 μm 的光斑是可能的,事实上,已经有相关的研究报道了关于用 120 ns 脉冲的 350 MeV/u 的 U^{+28} 离子[67],将钨箔均匀加热至 10^4 K 数量级温度的实验结果。根据图 2.10(b)中的数据,我们可以推断 Pb 中此类离子射程超过 6 mm,如果靶宽度在该离子射程范围内,就可以均匀地将吸收材料加热到高温、固体密度状态,产生足够高的压力,从而驱动强冲击自垂直于离子束方向进入样品材料。如果所产生的压力基本上均来源于沉积的能量密度,那么我们可以观测到超过 1 TPa 的冲击。尽管冲击是一维的,但对于圆形离子束,这种冲击是径向的。对于椭圆剖面,将

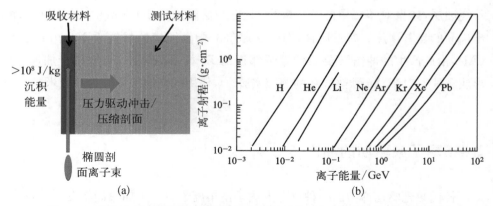

图 2.10　使用布拉格峰远远超出靶长度的离子束的可能实验装置示意图(a)
和冷物质中各种离子射程是离子束能量的函数(b)[73]

如果离子射程为面密度,则对于大范围的靶样品材料,其射程是类似的

更接近一维平面冲击。

以这种方式使用离子束有一些显著的优点。首先,我们可以注意到,固体密度下在铅中 600 MJ/kg 的能量沉积意味着温度仍低于 100 eV,这意味着样品材料附近没有 keV 的 X 射线源,大大缓解了样品预热。其次,对于脉宽为几纳秒的激光脉冲,会面临高温晕区等离子体膨胀的问题。如图 2.10 所示的离子束实验,如果使用数十纳秒的脉冲则可以维持更长时间的稳定冲击,从而回避这一问题。当然,在这一时间尺度上根据靶的几何形状,靶加热部分的流体运动可能开始变得重要,这需要在建模实验中加以考虑。具备在数十纳秒时间尺度上调整离子束时间行为的能力,就意味着有新的机遇来研究斜波压缩,其中在斜波压缩中可保持低熵并可产生非雨贡纽态。Grinenko 等[68]已经讨论了这种可能性。高达 100 eV 的温度意味着离子束可通过体积加热达到 WDM 状态,我们将在第 3 章中讨论离子束加热问题。

2.5　飞片法

尽管激光可以用来驱动远高于 Mbar(100 GPa)水平的冲击压力,但还存在一些缺点。这主要与快电子和 X 射线引起的预热有关。避免这些问题的一种技术是使用飞片。在这种方法中,飞片在与样品靶碰撞之前被加速到每秒几公里的速度,从而可以产生几兆巴的压力,碰撞会在没有预热的情况下产生强大的冲击波。在以下小节中,我们将讨论加速飞片的几种方法,然后,我们将讨论冲击波从飞片到样品的传递过程。

2.5.1　气炮

图 2.11 给出了典型的二级轻气炮的设计示意图(未按比例)[74]。在第一段管道里,火药被引爆,爆炸产生的快速膨胀气体驱动活塞沿第一级管道向前运动,由此可见,二级轻气炮第一级管道的工作原理与传统步枪类似。活塞的速度受到多个因素的制约,包括活塞的质量和所使用的装药量。然而,还有一个限制活塞速度的关键参数是膨胀气体中的声速。对于火药气体,该速度与空气中的声速[在标准温度和压力(STP)下为 330 m・s^{-1}]类似。在弹丸后是一种轻质气体,通常是氢气,其中声速为 1 270 m・s^{-1}(STP 下)。从图中可以看出,第一段管末端变窄并装有膜片,在该段内装有轻气,活塞通常由可变形材料(如塑料)制成,被挤压到锥形部分,气压的升高将使膜片(通常为聚酯薄膜)破裂。轻气可以在弹丸后面迅速膨胀,弹丸可以是飞片。轻气以高声速的快速膨胀导致飞片以高达 8 km・s^{-1} 的速度沿第二级管道向前运动,而单级气炮速度仅限于 2.5 km・s^{-1} 左右;当飞片撞击样品靶时,会产生强冲击波。例如,使用该装置可在铂中可产生高达 660 GPa 的冲击压力[75]。

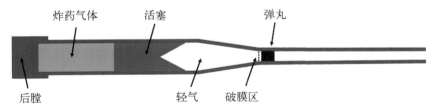

图 2.11　二级轻气炮示意图

第一级类似于炮的后膛,事实上步枪已用于小型系统的第一级,通常将弹丸发射到真空室(未画出)中,在真空室中放置靶结构以被弹丸击中,此类设施的一个主要限制是炸药的使用和部件的磨损导致的发射速率有限,例如,位于 LLNL 的 JASPER(联合锕系元素冲击物理实验研究)设施每年大约发射 12 次

发射管直径可为几厘米,飞片厚度可为几毫米。约束实验的一个关键因素是飞片和靶板的"平整度"。其表面通常抛光至 1～2 μm 的平面度,与靶前后表面平行度的精度相当。通常情况下,飞片可以在倾斜角小于 2 mrad 的情况下加速。穿过 28 mm 飞片,对应于沿传播方向边缘位置差仅为 50 μm,速度为

8 km·s⁻¹ 时，这意味着穿过整个冲击区域的时间差为 6 ns。

使用闪光照相术可使飞片速度的测量精度达到 0.1%[76]，冲击速度的测量精度为 1%。在某些情况下，可通过在靶内不同深度插入电探针来测量冲击波速度。探针与靶板绝缘，而且它们通常用几微米厚的聚酯薄膜粘接，并加上偏压。当冲击波到达聚酯薄膜时，压缩产生导电状态。由于探针和靶都与靶室接地，因此会观测并记录到电流的快速上升。这种测试布局的时间分辨率为亚纳秒，短于冲击波轨迹的时间尺度（通常大于 100 ns）。然后，可以使用靶中探针阵列的冲击上升时间来分析和校正碰撞面中的倾斜度。

据报道，研究者已开发出了所谓的三级气炮[77]，这本质上是两级系统的扩展，其中飞片不再是单一材料，而是由具有多层材料组成的密度梯度飞片。弹丸撞击传至与末端飞片平板邻接的聚甲基戊烯中间缓冲层时，梯度密度使缓冲层的压缩较平缓，这样随着冲击加热而耗散的能量会更少，传压效率的提高使飞片最终加速至 10 km·s⁻¹。

2.5.2 磁驱动飞片

前文讨论的气炮可加速飞片达 8 km·s⁻¹ 的速度，从而产生与 WDM 研究相关的极端条件。然而，利用磁驱动飞片的速度可达到 30 km·s⁻¹ 以上[78-79]，从而可使实验状态进入更极端的条件。如图 2.12 所示，我们给出了一个磁驱动的简化电路示意图，通过适当的脉冲电流产生洛伦兹力来加速飞片。电路由阴极和阳极短接组成，阳极本身由一个框架和一个中心面板组成，面板厚度通常小于 1 mm，形成飞片。

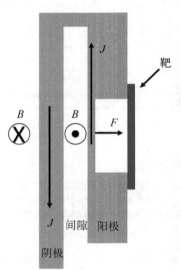

阴极和阳极之间的间隙约为 1 mm 宽，形成一个电流回路，对于合适的、强脉冲电流源，该电流回路可产生强磁场。磁压力会产生一个应力波，使阳极和阴极都收缩。如 Lemke 等[78]所述，当该应力波在飞片表面释放时，飞片将独立于阳极的其余部分向靶运动，这恰好是由磁力足以克服材料强度所导致的。

图 2.12　磁驱动飞片的简化示意图
电流和磁场方向表示为加速阳极飞片部分的磁力方向

例如,圣地亚的 Z 装置[78]不用 X 射线驱动,而是在大约 200 ns 范围内用线性上升至 20 MA 的电流去产生所需的磁场(B 场)。用单飞片阳极和不锈钢阴极,可产生 1 000 T 数量级的磁场,磁压由下式给出:

$$P_B = \frac{B^2}{2\mu_0} \tag{2.25}$$

所获得的磁压大约是 400 GPa,这远远超过了铝(Al)的约为 0.3 GPa 屈服强度。与气炮一样,飞片的尺寸只有几厘米,厚度通常小于 1 mm,飞行间隙距离靶样品约为 5 mm。通常,需要用包含电感效应的二维磁流体力学(MHD)程序来模拟飞片所达到的速度,而且模拟结果与 VISAR 诊断的实验测量结果非常一致。事实上,圣地亚的设计允许在中心方形横截面阴极周围放置多达四块飞片。这降低了最大磁压,但驱动的飞片速度是二级气炮飞片速度的两倍左右。

2.5.3　爆炸驱动冲击和压缩

早期的冲击试验使用炸药,即使在近代,它们仍然被广泛使用,因为使用高达数十千克的爆炸材料可以对大尺度的靶施加高压[80]。典型的平面冲击试验布局如图 2.13(a)所示。从图中可以看出,装药的第一部分的形状允许产生平面冲击。锥形装药的外层由爆轰波速度较快的炸药制成,而内层的爆轰波波速较慢。爆轰从顶端开始,并沿外部快速进行。初始爆轰正下方的中部位置距离出射面最远,但起爆最早,当爆轰波沿着快速炸药到达锥体外部时,波前在锥体上是平面的。当然,这需要仔细匹配爆轰速度和装药形状。

如图 2.13 所示,典型的 WDM 实验不用炸药与样品直接接触(尽管这可以并且已经用于其他目的)产生冲击,而是用爆炸气体来加速飞片。为了减少飞片的变形,通常在飞片和炸药之间设置一定的间隙,这样可以更温和的方式驱动飞片。尽管如此,飞片也可以被驱动加速到高达 8 km · s^{-1} 的速度,这足以在样品中驱动产生大于 100 GPa 的冲击压力。

炸药不仅仅用于平面冲击,而且也用于柱形和球形冲击波的驱动,特别是在氢气的实验中。例如,Fortov 等[80]已经报道了多层圆柱状装置,如图 2.13(b)与(c)所示。实验装置中的样品盒由同心铁圆柱体组成,其中填充 H$_2$ 或 D$_2$ 样品。外层塑料将外层铁与炸药隔开,这有助于在冲击波到达铁筒之前消除冲击波中的不均匀性。在他们的实验中,炸药驱动的冲击波进入靶组件中并在铁层

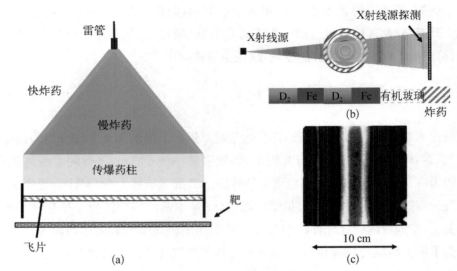

图 2.13　化爆加载与诊断[80]

(a) 快爆轰炸药和慢爆轰炸药的组合常用于产生平面冲击波,而冲击波透镜已被广泛用于产生平面冲击波;(b) 充有 H_2 或 D_2 的同心铁圆柱体已被用于产生比平面压缩高得多的压缩;(c) 柱形准等熵压缩 D_2 的典型 X 射线照片

和氢层之间反射,将 D_2 准等熵压缩到 300 GPa,使其密度达到 $2\text{ g}\cdot\text{cm}^{-3}$。在该实验中,通过使用 MeV 电子束产生的 X 射线源对样品组件进行闪光照相从而确定其密度。X 射线的持续时间约为 300 ns,比爆炸后约 $40\ \mu s$ 的探测时间短。在这种圆柱形实验中,另一个诊断参量是样品的电导率,如文献[81]所述,两个探针可沿圆柱体轴线从一端插入,其端部之间有固定间隙。施加的直流电压将产生电流,它取决于压缩样品的直流电导率。

基于该方法相关实验的一个重要结果是观察到了 50 多年来预测的等离子体相变证据[82],这表现为从绝缘相到金属相的变化以及电导率的突然跃变。Fortov 等[81]观察到,在压力高于 100 GPa、密度约为 $2\text{ g}\cdot\text{cm}^{-3}$ 时,电导率上升了 5 个数量级。

科学家们将同心内爆技术扩展到了球形内爆压缩,使用高达 54 kg 的炸药,实现了对 D_2 的准等熵压缩,压力高达 5 500 GPa(55 Mbar)[83],密度高达 $6\text{ g}\cdot\text{cm}^{-3}$,是液体密度的 30 多倍。

2.5.4　激光驱动飞片

值得一提的是,激光驱动飞片产生冲击波的加载方式和用气炮驱动一样被广泛使用,尽管气炮驱动飞片的方式更为常见。通过激光束直接照射或由强 X 射线源间接驱动,薄膜靶都能起到飞片的作用。文献[84]中给出了强 X 射线源间接驱动的一个例子,能量 25 kJ 的 1 ns 激光脉冲聚焦到金黑腔腔中,产生的强 X 射线入射到位于 3 μm 厚金飞片顶部的 50 μm 的聚苯乙烯烧蚀箔上。

该飞片与次级阶梯状金箔样品碰撞,产生一个 Gbar 级压力冲击波,其中压力根据冲击速度推断。反过来,当冲击从靶后部出现时,冲击波速度可通过观察 Au 台阶靶后部的光发射来测量。与前面讨论的软 X 射线驱动冲击试验一样,该加载方式在减少辐射和电子预热方面具有潜在优势。然而,飞片的流体力学不稳定性是一个需要解决的问题,因为飞片薄板上任何不均匀性或梯度辐照都将导致非平面冲击,从而导致非均匀冲击驱动。一般来说,这种方法用于小尺寸的加速飞片和非均匀激光光斑,是一种较少使用的加速飞片方法。

2.6　阻抗匹配

使用碰撞器或飞片撞击靶的技术,常涉及一个重要的概念,称为阻抗匹配,其中阻抗由以下公式给出:

$$Z = \rho_0 U \tag{2.26}$$

在亚音速工作区,U 是纵波声速,但在我们感兴趣的情况下它是冲击波速度,ρ_0 是材料的初始密度。该概念适用于有碰撞器的情况(如飞片),或冲击波通过现有界面从一种材料传递到另一种材料,我们将研究这两种情况。

对于飞片,此类实验的分析首先观察到,在穿过靶和碰撞飞片间的界面,法向应力和粒子速度是连续的。如果我们的分析采用实验室坐标系,考虑碰撞飞片与靶雨贡纽之间的关系。从图 2.14(a)可以看到靶的雨贡纽线上压力随粒子速度的增加而增加,通常对于碰撞飞片,起始粒子速度是其在碰撞前被加速的速度(U_i);在实验室坐标系中,冲击波波后粒子速度由 $U_i - u_p^i$ 给出,其中 u_p^i 是靶中的粒子速度,因此,碰撞飞片的雨贡纽是在此方向上的平移且反向(即镜像)。

图 2.14(b)提出了一个重要的观点,如果飞片是用已知雨贡纽线的参考材料制成,则只需测量飞片的速度即可在图中建立雨贡纽曲线。如果我们随后测量靶中的冲击速度,就可以使用式(2.2)建立斜率为 $\rho_0 u_s$ 的实线(假设 $P_0 = 0$)。

这两条曲线的截距给出了靶中的粒子速度,从而导出未知材料的 u_p 和 u_s,这样就可以完全求解未知靶材料的兰金-雨贡纽方程。

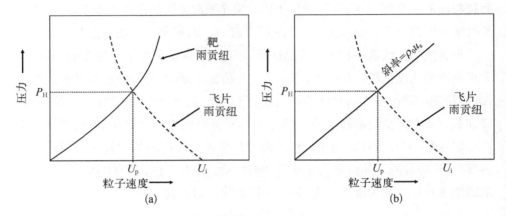

图 2.14　阻抗匹配方法求解示意图

(a) 当飞片撞击靶时,粒子速度在界面上是连续的,其值定义了两种材料雨贡纽上的一个点;(b) 假设在靶中冲击速度已测量,并且已知飞片材料的雨贡纽,就可以求解未知材料与雨贡纽的交点

在靶和飞片由相同材料制成的特殊情况下,穿过界面粒子速度的连续性可以给出粒子速度为

$$u_p = \frac{1}{2} U_i \qquad (2.27)$$

例如,对于标准材料如熔融石英(SiO_2),在激光驱动和飞片驱动冲击波实验中,其冲击状态方程探索范围已超过 1 TPa[85-86]。Root 等[86]进行了大量的磁驱动飞片实验,其中 VISAR 系统测量了撞击熔融石英样品的飞片速度,然后测量了熔融石英在冲击压缩至 1 100 GPa 下熔化为导电流体状态时的冲击波速度,通过这种方式准确地建立了参考雨贡纽。

尽管类似的实验可以通过飞片法完成,但在图 2.15(a)中,我们还展示了一个相当典型的使用多层靶的激光驱动冲击阻抗匹配实验的示意图[87]。采用双台阶标准材料,可通过比较冲击波从双台阶靶后界面卸载的时间来测量冲击速度。将未知材料与标准样品的一部分邻接,通过与冲击波卸载出标准材料的时间进行比较,可以测量未知材料中的冲击速度。

知道了标准材料冲击速度,就可确定标准/未知材料边界处的粒子速度。如果已经观测到未知材料中的冲击速度,就可得到兰金-雨贡纽方程中五个未知量中的两个,并且可以求解出冲击雨贡纽上的一个点。未知材料可以具有更高或更低的冲击阻抗,这两种情况都在图 2.15(b)中标出。如果未知材料具有较高的阻抗,则冲击会反射回标准材料,这与我们上面讨论的使用低 Z 烧蚀层吸收激光能量的情况基本相同。如图 2.7 所示,从边界反射冲击波所涉及的动量变化增强了传递给未知样品的压力。将标准材料再冲击到二次雨贡纽上,二次雨贡纽的起始条件是标准材料最初冲击到的主雨贡纽上的点。对于标准材料,实验室坐标系内新的粒子速度由初始速度和二次雨贡纽粒子速度之差得到。借助式(2.2),可以得到标准材料中的新冲击条件为

$$P^r - P^h = \rho^h (\mid u_p^r - u_p^h \mid u_s^r) \tag{2.28}$$

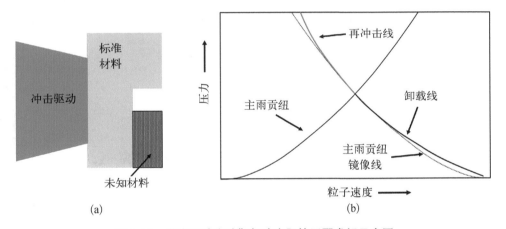

图 2.15　激光驱动实验靶与冲击阻抗匹配求解示意图

(a) 一个典型的激光驱动冲击阻抗匹配实验的示意图,其中标准材料的雨贡纽已知,另一个样品的雨贡纽有待确定;(b) 标准材料的再冲击线与卸载线,取决于未知样品的阻抗是高还是低

其中,上标 h 和 r 分别为初始雨贡纽和反射冲击雨贡纽上的状态。

另一方面,如果未知样品具有较低的阻抗,则反射到标准材料中的波为等熵卸载波,传输到未知材料中的冲击压力低于初始冲击压力。

标准材料中卸载波的粒子速度由下式给出:

$$u = u_p^h - \int_{P^h}^{P^r} \frac{\mathrm{d}P}{\rho^r c_s^r} \tag{2.29}$$

其中,上标 r 表示卸载波。对于所讨论的标准材料,需要知道作为密度函数的等熵声速 $c_s(\rho)$。为了准确测定等熵卸载,需要知道雨贡纽和非雨贡纽的状态方

程。在缺乏非常精确的非雨贡纽状态方程数据的情况下,一种常见的近似处理方法是用主雨贡纽镜像线来代替标准材料中的再冲击和卸载曲线,如图2.15(b)所示。事实上,当冲击压力达到约 200 GPa 时,或者当标准材料和未知材料的阻抗接近时,这是非常准确的[88]。这种对称性在没有辐射损失和热传导强烈影响的情况下,当冲击波卸载进入真空时,表面膨胀速度约为 $2u_p$。

考虑再冲击和卸载不只与图 2.15 所示的实验类型有关。正如我们将在第5 章中看到的,当使用 VISAR 和光学条纹相机等光学诊断时,通常将透明窗口装配在靶后方,其阻抗可能高于或低于样品材料。在没有该窗口的情况下,样品膨胀形成低密度蒸汽/等离子体,该蒸汽/等离子体对 VISAR 探测光高度吸收,其光学特性会使光学发射和光学反射率实验的解释复杂化[89]。使用窗口可以解决这一问题。然而,为了有效地使用该窗口,需要描述窗口在冲击压缩下的光学特性。

2.7 金刚石压腔

本章的最后一节乍一看并不真正符合斜波或冲击压缩的主题。如第 1 章所述,金刚石压腔(DAC)达到的条件虽然极端,但通常仅被视为处于 WDM 的边缘。然而,DAC 可以产生与地球内部状态相关的压力和温度,因此,对于研究兴趣跨越行星科学和 WDM 领域的许多人来说都是很有意义的。

图 2.16 给出了 DAC 的基本结构[90-92]。样品放在两颗高品质的金刚石之间,金刚石对顶面直径通常小于毫米数量级。施加机械力的金刚石与对顶面尺寸之间的大比例,能够使对顶面产生高达 700 GPa 左右的高压。对于超高压实验,多面体宝石的底面可能只有几百微米宽,并且可能存在非常大的压力梯度。样品通常由可变形垫圈约束,该垫圈通常由铼、钨或不锈钢制成。金刚石和垫圈密封的体积中不仅包含样品,还包含传压流体,通常可以是惰性气体,如氦气。在低温工作条件下,通常还包括一个小的红宝石,因为红宝石的荧光光谱位置可以用作压力监测。在与 WDM 相关的温度下,谱线会变宽,以至于无法进行诊断。然而,它们可用于监测压缩后被加热样品的实验压力。为了产生 WDM 区域的样品,除了压力外,还需要加热。虽然对于一些样品,可使用电阻加热,但这仅限于略低于所需范围的温度。激光加热可达到接近 6 000 K 的温度,压力高

于 300 GPa[93]。这通常通过功率为 50～200 W 的近红外激光器实现。然而,这仍然处于 WDM 区域的下限。

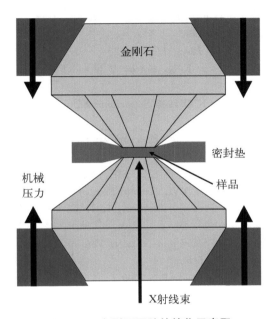

图 2.16　金刚石压腔的简化示意图

图中标出了一个 X 射线束,在许多实验中,X 射线可以用来测量样品的衍射

参考 Eggert 等的工作[16],为了使用 DAC 产生与 WDM 研究更相关的状态,除了加热之外,还可以将预压缩样品作为冲击压缩的起始条件,沿着该雨贡纽对材料进行取样采集,从而创建一个新的雨贡纽。在这种情况下,DAC 的一颗金刚石被厚度小于 500 μm 的平面金刚石板所取代。这使得高功率激光器能够通过平板聚焦到样品上,从而驱动强冲击。DAC 的另一个金刚石砧被蓝宝石制成的砧取代,这是因为它的光学透明度有助于 VISAR 通过砧座入射到样品后部,允许记录冲击波卸载时间,并通过阻抗匹配确定冲击和粒子速度。当然,与上述窗口一样,对于 VISAR 和光发射测量而言,砧座的光学特性在环境条件和冲击压缩条件下都非常重要。

参考文献

[1]　Walsh J M and Christian R H 1955 *Phys. Rev.* **97** 1544－56

[2]　Bancroft D, Peterson E L and Minshall S 1956 *J. Appl. Phys.* **27** 291

[3]　Zel'dovich Y B and Razier Y P 1966 *Physics of Shock Waves and High-Temperature Hydrodynamic Phenomena* (New York: Academic)

[4]　Landau L D and Lifshitz E M 1987 *Fluid Mechanics, Course of Theoretical Physics* 2nd edn 6 (Oxford: Pergamon)

[5]　Al'tshuler L V 1965 *Sov. Phys. Usp.* **8** 52

[6]　Al'tshuler L V, Krupnikov K K, Fortov V E and Funtikov A I 2004 *Her. Russ. Acad. Sci.* **74** 613 – 23

[7]　Courant R and Friedrichs K O 1948 *Supersonic Flow and Shock Waves* (New York: Interscience)

[8]　More R M, Warren K H, Young D A and Zimmerman G B 1988 *Phys. Fluids* **31** 3059 – 78

[9]　Lyon S P and Johnson J D 1992 SESAME: The Los Alamos National Laboratory Equation of State Database *LANL Technical Report* LA – UR – 92 – 3407

[10]　Seigel A E 1977 *High Pressure Technology, II* ed I L Spain and J Paauwe (New York: Marcel Dekker)

[11]　Denis G 2017 *Physics of Shock and Impact: Volume 1: Fundamentals and dynamic failure* (Bristol: IOP Publishing)

[12]　Brown J M, Fritz J N and Dixon R S 2000 *J. Appl. Phys.* **88** 5496

[13]　Eliezer S 2011 *Laser-Plasma Interactions and Applications: proceedings of the 68th Scottish Universities Summer Schools in Physics* (Berlin: Springer)

[14]　Nellis W 2006 *AIP Conf. Proc.* **845** 115

[15]　Ozaki N *et al* 2016 *Sci. Rep.* **6** 26000

[16]　Eggert J H *et al* 2009 AIP *Conf. Proc* **1161** 26 – 31

[17]　Jackel S, Salzmann D, Krumbein A and Eliezer S 1983 *Phys. Fluids* **26** 3138

[18]　Coe S E, Willi O, Afshar-Rad T and Rose S J 1988 *Appl. Phys. Lett.* **53** 2383

[19]　Riley D, Willi O, Rose S J and Afshar-Rad T 1989 *Europhys. Lett.* **10** 135

[20]　Larsen J T and Lane S M 1994 J. Quant. Spectrosc. *Radiat. Transfer* **51** 179

[21]　Brunton G, Erbert G, Browning D and Tse E 2012 *Fusion Eng. Des.* **87** 1940

[22]　Kidder R E 1979 *Nucl. Fusion* **19** 223

[23]　Nuckolls J M, Wood L, Thiessen A and Zimmerman G 1972 *Nature* **239** 139

[24]　Wang J *et al* 2013 *J. Appl. Phys.* **114** 023513

[25]　Koenig M *et al* 2010 *High Energy Density Phys.* **6** 210

[26]　Amadou N *et al* 2015 *Phys. Plasmas* **22** 022705

[27]　Mei Q S and Lu K 2007 *Prog. Mater. Sci.* **52** 1175 – 262

[28]　Anzellini S, Dewaele A, Mezouar M, Loubeyre P and Morard G 2013 *Sci.* **340** 464 – 6

[29]　Yoo C S, Holmes N C, Ross M, Webb D J and Pike C 1993 *Phys. Rev. Lett.* **70** 3931 – 4

[30]　Ahrens T J, Holland K G and Chen G Q 1998 *Shock Compression of Condensed Matter 1997* ed S C Schmidt *et al* (Woodbury, NY: AIP Press) pp 133 – 6

［31］ Nguyen Jeffrey H and Holmes Neil C 2004 *Nature* **427** 339 – 42

［32］ Dolan D H and Gupta Y M 1978 *Phys. Rev. Lett.* **40** 1391

［33］ Turneaure S J, Sharma S M and Gupta Y M 2018 *Phys. Rev. Lett.* **121** 135701

［34］ Seagle C T, Desjarlais M P, Porwitzky A J and Jensen B J 2020 *Phys. Rev. B* **102** 054102

［35］ Trainor R J, Shaner J W, Auerbach J M and Holmes N C 1979 *Phys. Rev. Lett.* **42** 1154

［36］ Veeser L R and Solem J C 2004 *J. Chem. Phys.* **121** 9050 – 7

［37］ Max C E 1982 *Physics of Laser Fusion Vol 1: Theory of the Coronal Plasma in Laser-Fusion Targets* UCRL – 53107

［38］ Atzeni S and Meyer ter Vehn J 2004 *The Physics of Inertial Fusion* (Oxford: Clarendon)

［39］ Kruer W L 2003 *The Physics Of Laser Plasma Interactions* (Boulder, CO: Westview Press)

［40］ Garban-Labaune C, Fabre E, Max C E, Fabbro R, Amiranoff F, Virmont J, Weinfeld M and Michard A 1982 *Phys. Rev. Lett.* **48** 1018 – 21

［41］ Campbell E M 1992 *Phys. Fluids* B **4** 3781

［42］ Trainor R J and Lee Y T 1982 *Phys. Fluids* **25** 1898

［43］ Yaakobi B and Bristow T C 1977 *Phys. Rev. Lett.* **38** 350

［44］ Goldsack T J, Kilkenny J D and MacGowan B J 1982 *Phys. Fluids* **25** 1634

［45］ Hauer A, Mead W C, Willi O, Kilkenny J D, Bradley D K, Tabatabaei S D and Hooker C 1984 *Phys. Rev. Lett.* **53** 2563 – 6

［46］ Thompson P C, Roberts P D, Freeman N J and Flynn P T G 1981 *J. Phys.* D **14** 1215

［47］ Szichman H and Eliezer S 1992 *Laser Part. Beams* **8** 73

［48］ Henke B L, Gullikson E M and Davis J C 1993 *At. Data Nucl. Data Tables* **54** 181 – 342

［49］ Rothman S D, Evans A M, Horsfield C J, Graham P and Thomas B R 2002 *Phys. Plasmas* **9** 1721 – 33

［50］ Swift D C and Kraus R G 2007 *Phys. Rev.* E **77** 066402

［51］ Ng A, Cottet F, DaSilva L, Chiu G and Piriz A R 1988 *Phys. Rev.* A **38** 5289 – 93

［52］ Kato Y *et al* 1984 *Phys. Rev. Lett.* **53** 1057

［53］ Pepler D A *et al* 1995 *Proc. SPIE* **2404** 258

［54］ Lehmberg R and Obenschain S P 1983 *Opt. Commun.* **46** 27

［55］ Obenschain S P *et al* 1986 *Phys. Rev. Lett.* **56** 2807 – 10

［56］ Mochizuki T *et al* 1986 *Phys. Rev.* A **33** 525

［57］ Goldstone P *et al* 1987 *Phys. Rev. Lett.* **59** 56

［58］ Kania D R *et al* 1992 *Phys. Rev.* A **46** 7853

［59］ Pakula R and Sigel R 1985 *Phys. Fluids* **28** 232 – 44

［60］ Pakula R 1985 *Phys. Fluids* **29** 1340

［61］ Decker C *et al* 1997 *Phys. Rev. Lett.* **79** 1491 – 4

［62］ Löwer T *et al* 1994 *Phys. Rev. Lett.* **72** 3186

［63］ Bailey J E *et al* 2000 *J. Quant. Spectrosc. Radiat. Transfer* **65** 31 – 42

［64］ Spielman R B *et al* 2000 *Phys. Plasmas* **5** 2105

［65］ Dewald E *et al* 2003 *IEEE Trans. Plasma Sci.* **31** 221 – 6

［66］ Constantin C *et al* 2004 *Laser Part. Beams* **22** 59 – 63

［67］ Ni P A *et al* 2008 *Laser Part. Beams* **26** 583 – 9

［68］ Grinenko A, Gericke D O and Varentsov D 2009 *Laser Part. Beams* **27** 595 – 600

［69］ Hoffmann D H H *et al* 2005 *Laser Part. Beams* **23** 47 – 53

［70］ Bieniosek F M *et al* 2010 *J. Phys. : Conf. Ser.* **72** 032028

［71］ Tauschwitz A *et al* 2008 *J. Phys. : Conf. Ser.* **112** 032074

［72］ Tahir N A *et al* 2005 *Contrib. Plasma Phys.* **45** 229 – 35

［73］ Fortov V E, Hoffmann D H H and Sharkov B Y 2008 *Phys. -Usp.* **51** 109 – 31

［74］ Jones A H, Isbell W M and Maiden C J 1966 *J. Appl. Phys.* **37** 3493 – 9

［75］ Holmes N C, Moriarty J A, Gathers G R and Nellis W J 1989 *J. Appl. Phys.* **66** 2962 – 7

［76］ Mitchell A C and Nellis W J 1981 *J. Appl. Phys.* **52** 3363

［77］ Wang X *et al* 2019 *Rev. Sci. Instrum.* **90** 013903

［78］ Lemke R W *et al* 2005 *J. Appl. Phys.* **98** 073530

［79］ Knudson M D *et al* 2003 *J. Appl. Phys.* **94** 4420 – 31

［80］ Fortov V E *et al* 2007 *Phys. Rev. Lett.* **99** 185001

［81］ Fortov V E and Mintsev V B 2005 *Plasma Phys. Control. Fusion* **47** A65 – 72

［82］ Norman G E and Saitov I M 2019 *Contrib. Plasma Phys.* **59** e201800182

［83］ Mochalov M A *et al* 2017 *J. Exp. Theor. Phys.* **124** 592 – 620

［84］ Cauble R *et al* 1993 *Phys. Rev. Lett.* **70** 2102

［85］ McCoy C A *et al* 2016 *J. Appl. Phys.* **119** 215901

［86］ Root S, Townsend J P and Knudson M D 2019 *J. Appl. Phys.* **126** 165901

［87］ Batani D *et al* 2002 *Phys. Rev. Lett.* **88** 235502

［88］ Celliers P M, Collins G W, Hicks D G and Eggert J H 2005 *J. Appl. Phys.* **98** 113529

［89］ Celliers P and Ng A 1993 *Phys. Rev. E* **47** 3547 – 65

［90］ Ming L and Basset W 1974 *Rev. Sci. Instrum.* **45** 1115

［91］ Anzellini S and Boccato S 2020 *Crystals* **10** 459

［92］ Li B *et al* 2018 *Proc. Natl. Acad. Sci. USA* **115** 1713 – 7

［93］ Tateno S, Hirose K, Ohishi Y and Tatsumi Y 2015 *Science* **330** 359 – 61

第 3 章　温稠密物质的体积加热

3.1　X 射线加热

3.1.1　X 射线加热用激光等离子体源

通过将强激光脉冲聚焦到靶上产生 X 射线的研究已经进行了几十年[1-8]。众所周知,在千电子伏和亚千电子伏范围内,通过辐照高 Z 样品可以实现激光能量到 X 射线能量的高效转换。X 射线来自三种基本机制,文献[9-10]详细讨论了这三种机制。当等离子体中的自由电子与离子碰撞并散射到其他自由态以产生轫致辐射(制动辐射)时,会产生自由–自由发射。对于麦克斯韦电子分布,辐射功率可由下式给出:

$$P_{\text{Brem}}(\bar{\omega}) = \frac{32}{3}\left(\frac{\pi}{3}\right)^{1/2} c r_0^2 \left(\frac{E_{\text{hy}}}{T_{\text{e}}}\right)^{1/2}, \quad \bar{Z}^2 n_{\text{i}} n_{\text{e}} \exp\left(-\frac{\hbar\bar{\omega}}{T_{\text{e}}}\right) G_{\text{ff}}(\bar{\omega},\ T_{\text{e}})$$

$$(3.1)$$

式中,$r_0 = e^2/m_{\text{e}} c^2$ 为电子半径,采用 CGS 制单位,$E_{\text{hy}} = 13.605$ eV 为氢原子基态结合能。$G_{\text{ff}}(\omega,\ T_{\text{e}})$ 是考虑量子力学效应的自由–自由戈登(Gaunt)因子,但通常设置为 $1^{[10-11]}$。$P_{\text{brem}}(\omega)$ 的单位是光谱范围内每单位能量每秒每立方厘米发射的能量[例如,eV/(cm³·s·eV)]。这是一个平滑的发射光谱,其强度随光子频率的下降而逐渐降低,其强度强烈依赖于密度,因为它与电子和离子的密度成正比。因为激光能穿透的最高密度为临界电子密度(见第 2 章),而临界电子密度反比于激光波长的平方,因此发射对入射激光波长有很强的依赖性;发射还取决于平均电离度 $\bar{Z}$,因此对于高 Z 材料发射最强。

下一个 X 射线源是复合辐射或自由-束缚辐射,当自由电子在辐射复合过程中失去能量,将能量转移给光子,自由电子重新结合成离子的束缚态。这种机制也会产生一个连续的光谱,但其最小光子能量等于发生复合状态的结合能,适合于解释电离电势的降低。这导致了一个所谓的"复合边",在该边(光子能量)以下,没有自由-束缚发射。在这种情况下,对于初始电离态 z,可以通过主量子数 n 给出复合到 i 级的发射功率:

$$P_{\text{bfree}}(\bar{\omega}) = \frac{64}{3} \left(\frac{\pi}{3}\right)^{1/2} c r_0^2 N_{i,z} n_{\text{e}} \left(\frac{E_{i,z'}}{T_{\text{e}}}\right)^{3/2}$$

$$\times \left(\frac{1}{n^3}\right) \exp\left(-\frac{\hbar \bar{\omega}}{T_{\text{e}}}\right) (1 - P_{i,z}) G_{\text{bf}}(\bar{\omega}, T_{\text{e}}) \tag{3.2}$$

其中,z 为初始电离态,$z' = z - 1$ 为复合电离态。可以看到,戈登因子 $G_{\text{bf}}(\bar{\omega}, T_{\text{e}})$ 近似等于 1[11],复合态的结合能 $E_{i,z'}$ 计算包含了连续下降。如果初始离子态占据概率 $P_{i,z}$ 是 1,则复合被阻断。

尽管上述是热等离子体中的两个重要过程,但我们的目的是产生一个辐射源用于 WDM 的辐射加热,而对我们来说,最重要的 X 射线产生机制是线发射。这是激光等离子体中产生最强 X 射线光谱的过程。在第 4 章中,我们将探索适用于诊断的激光等离子体源,包括那些适合 X 射线散射实验的具有窄带宽、线发射谱的 X 射线源,以及适合吸收测量实验的具有宽且连续谱的 X 射线源。然而,在本章中我们关注的是 WDM 样品的均匀加热,而不是光谱特性,更多关注的是光谱区域中光源的效率,期望该光谱范围内的光子能很好地穿透样品。正如将看到的,这通常需要使用中高 Z 元素,以保证 L 壳层($n \to 2$)与 M 壳层($n \to 3$)的发射光谱处于 keV 光子区,并且每个离子态都有大量跃迁。对于从态 i 到态 j 的给定原子跃迁,自发衰变率(爱因斯坦 A 系数)取决于振子强度(f_{ij})和跃迁能量(ΔE)的平方:

$$A_{ij} = \frac{2e^2}{(\hbar c)^2 m_{\text{e}} c} (\Delta E)^2 f_{ij} \tag{3.3}$$

实际上,激光到 X 射线的能量转换效率不仅取决于材料,还取决于辐照条件,特别是聚焦强度、脉冲宽度和波长。对于亚微米激光波长的纳秒脉冲,高密度等离子体的高效吸收是可能的[12],并且对于 A_{U} 等元素,激光到 X 射线的能量转换是主要的。在这种情况下,发射的 X 射线能量主要来源于亚 keV 准连续的 N 壳层($n \rightarrow 4$)和 O 壳层($n \rightarrow 5$)谱带[4]。在这些谱带中,发射线间隔近,并受到多普勒和斯塔克等展宽效应的影响,它们彼此合并,形成不可分辨跃迁带(UTA)。在图 3.1 中,我们可以看到实验测量的 Au 发射谱与黑体辐射谱的比较。Au 数据取自 Kania 等[5]的研究,实验测量接近波长为 $0.53~\mu m$、聚焦强度

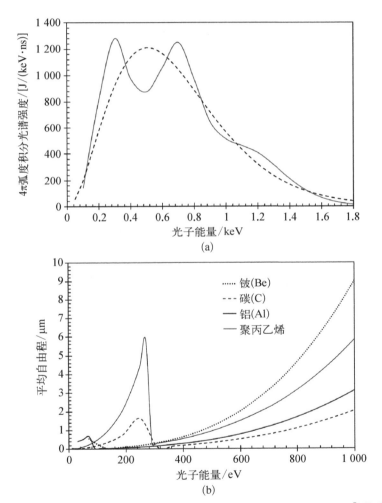

(a)

(b)

图 3.1　若干种材料积分光谱强度和平均自由程随吸收光子能量变化[5,13-15]

(a) 金箔靶的实验发射光谱,300 eV 和 800 eV 附近的峰分别为 O 壳层和 N 壳层谱带,实线是实验数据,虚线是 180 eV 温度下将强度缩小为 1/2 的黑体辐射谱,对于封闭腔,光谱和发射温度可轻易达到 200 eV 以上,在最大的激光装置上,可达到 300 eV 以上;(b) 在选定材料中吸收亚 keV 能量光子的平均自由程

约为 3×10^{14} W/cm^2 的 1 ns 激光脉冲的发射峰值。在这种情况下,激光到透过箔材的 X 射线的能量转换率约为 6%。由图所见,发射的光谱形状可以近似为一个等效温度约为 180 eV 的准黑体辐射。然而,发射强度仍低于此温度下的实际黑体辐射。为了更好地进行光谱比较,将黑体辐射曲线缩减了 50%,在这种情况下,如果光谱形状由黑体辐射谱给出,但降低了发射强度,通常称此发射体为"灰体"。

光谱形状和实际发射强度对于确定此类光源可提供给样品的加热非常重要。因此,在模拟中,通常通过有效光谱温度和缩减系数来表示热辐射。另一种处理方法是,采用一个等效的黑体发射温度和一个独立的光谱温度。在这种情况下,如果强度缩减系数为 2,则黑体的总发射与温度有一个著名定标率:

$$I = \sigma_{SB} T^4 \tag{3.4}$$

上式采用国际单位制,斯蒂芬-玻尔兹曼常数 σ_{SB} 的值为 5.67×10^{-8} W·m^{-2}·K^{-4},这意味着我们可以获得约 150 eV 的发射温度。在这种温度下,来自表面的 X 射线通量用文献中常用的单位表示,即为 5×10^{13} W·cm^{-2}。等离子体中辐射输运是一个复杂的主题,在许多教科书和文献中都有涉及,例如文献[16-17]。我们不对此进行详细探讨,因为我们对 WDM 的体积加热更感兴趣,可以使用容易穿透样品的光子来实现,因此我们更关注冷样品的光子平均自由程。图 3.1(b)展示了一系列低 Z 到中 Z 材料的平均自由程与光子能量的函数关系[15]。如图所示,虽然典型的准黑体驱动通量非常显著,但是除了最低 Z 的元素或者样品至少有一个维度为微米尺寸外,我们发现在典型的光子能量下实现体积加热仍然是十分困难的。

事实上,良好的加热均匀性要求光子吸收长度(或光子平均自由程)大于典型样品尺寸。然而,这意味着能量沉积效率较低,因此需要用高通量的 X 射线源。由于需要较长的光子平均自由程,通常需要采用较硬(大于 1 keV)X 射线区的光源。对于较高 Z 的物质,如上面讨论的 Au,可以考虑 M 壳层发射。如图 3.2(a)所示,在几千电子伏的区域,发射谱谱带峰值跨越 1 keV 以上。Kania 等[5]已经报道了通过激光照射的金箔中有高达 2% 的 X 射线转化为 M 带的 X 射线。然而,正如 Dewald 等[18]报道的,以激光强度约为 10^{15} W·cm^2 照射金黑腔靶,则在空腔靶中,Au(2~5 keV)的 M 带转换效率可达 20%,激光到 X 射线的总能量转换效率超过 70%。如果输入的激光能量超过 13 kJ（波长为 351 nm），这意味着在 1 ns 脉冲中可以产生超过 250 J/sr 的 M 壳层辐射。这是优于平板箔靶的重大改进，但我们也应该考虑任意辐射加热实验的几何形状，也需要考虑探测诊断。使用激光驱动箔靶，可以将 WDM 样品放置在离光源更近的位置，从而实现更好的加热。

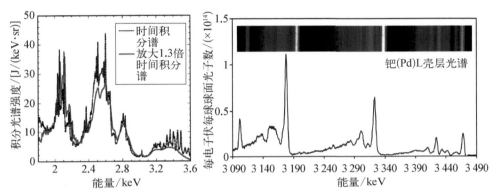

图 3.2 强激光作用金与钯产生的 M 带和 L 壳层的发射谱[52]

（a）用 351 nm 波长、约为 2.3 ns 激光脉冲聚焦在金黑腔靶上产生的 M 带金等离子体发射谱；（b）用波长 527 nm 和脉宽 200 ps 激光束照射的 50 nm 钯箔的实验 L 壳层发射光谱，到靶强度约为 10^{15} W·cm^{-2}，L 壳层 X 射线的转化率估计为 4%，在文献[20]中可以看到来自同一实验的类似数据，所观察到的是来自类氖到类铝离子阶段的发射

另一种选择是，对于 $Z=40\sim50$ 左右的中 Z 材料，可以在几千电子伏范围内产生 L 带光谱。Pd($Z=46$) 的示例光谱如图 3.2(b) 所示。对于激光辐照箔靶，根据脉冲宽度和聚焦条件，可以实现激光到 L 壳层 X 射线的一定程度的转换。Phillion 和 Hailey[19] 的研究表明对于脉宽为 120 ps 的 527 nm 激光脉冲，在 4πsr 弧度范围约有 2% 的激光能量转换为 X 射线，而 Ketter 等[20] 则报道，对于脉宽 200 ps 激光脉冲、相同波长和类似强度约为 10^{15} W·cm^{-2}，X 射线转换率为 4%。Hu 等[21] 发现，2 ns 脉宽的 527 nm 激光辐照的 Ag、Pd 和 Mo 靶的转换效率水平相近。通过使用不同类型的靶，可以实现更高的能量转换。例如，Back 等[22] 使用充满 Xe 的气体靶，并用 0.351 nm 的 2 ns 激光照射，在 $4\sim7$ keV 光子能量范围内达到约为 10% 的 L 壳层 X 射线转换效率。这可能是因为与箔靶相比，气体靶中用于流体力学膨胀和宽带亚 keV 光子发射的能量要少得多。

在第一个 X 射线汤姆逊散射的演示实验中,可以看到 L 壳层辐射是用于体积加热的一个很好的例子(见第 4 章)[23]。在该实验中,亚毫米级柱状铍(Be)靶由 L 带 X 射线(温度为 2.7～3.4 keV)加热,X 射线主要源于样品外部涂有 Rh 材料的外壳层。这些光子在 Be 中的平均自由程为 180～380 μm。结合径向对称性,这可以在 53 eV 的温度下产生相对均匀的电子密度(超过 3×10^{23} cm^{-3})。本实验中的离子-离子耦合参数约为 1。此外,该密度下电子的费米能约为 15 eV,由此得出:$E_F/k_B T \approx 0.3$。这说明,WDM 的两个关键特征——强耦合和部分简并都存在于所产生的样品中。

Kettle 等[24]利用 Pd 的 L 壳层发射(3～3.5 keV),在固体密度下,以体方式将铝加热到约为 1 eV 的 WDM 条件,以波长超过 17.1 nm(铝的 L 壳层吸收边)的 XUV 辐射探测自由-自由辐射不透明度。使用 XUV 进行探测意味着箔的厚度为 200～800 nm,并且由于加热光子的平均自由程为 5～7 μm,在双面加热的情况下,均匀性优于 10%。这说明即使是最厚的箔材,也只有 11%～15% 的 X 射线被吸收。由于存在如此低的吸收,且吸收率几乎与箔材厚度呈线性关系,所以在所使用的厚度范围内每个原子吸收的能量是相似的。在 XUV 的探测过程中,使用如此薄的箔材可能会出现快速卸压,实际实验过程中也必须考虑这一因素对实验结果的影响。在该特定实验中,使用 200 ps 光脉冲产生了一个 L 壳层 X 射线源,该 X 射线在约 150 ps 的时间内上升至峰值。流体力学模拟 300 nm 箔靶结果表明,当箔体密度仍接近固体密度时,加热箔 100 ps 后的温度约为 0.8 eV。可以通过考虑此时的压力约为 25 GPa 来理解这一点,如果我们采用式(1.48)给出的声速,并假设绝热指数 $\gamma \approx 1$,可以估计出声速约为 3 km/s。对于这种厚度的箔靶,卸压时间约为 100 ps。在这种情况下,如果要保持固体密度,需要实现短时间内迅速加热时间,且在峰值加热之前进行亚 ps 高次谐波辐射探测。在这种情况下,获得的离子-离子耦合参数 Γ 约为 50～80、$E_F/k_B T \approx$ 0.1～0.15,预期的电离份额为 $\bar{Z}/Z \approx 0.2$,这些关键特征参量的数值均处于 WDM 区间。

3.1.2 实验思路:加热的均匀性

在上面的讨论中,我们注意到两个使用体积加热来产生 WDM 样本的实验。两种情况下,在光子穿过样品传播的方向上,样品的均匀性受到其吸收长度的影响,因此对光源的光谱也会产生影响。然而,其他方向的均匀性也会受到加热几何结构的影响。在 Glenzer 等[23]的实验中,除了光源靠近 Be 样品外,使用多光束形成近柱对称,实现加热辐射源与样品的强耦合。在 Kettle 等[24]的报道中,可用的光束较少,并且需要在不受热源干扰的情况下进行样品探测。为了适应这一点,光源偏离样品一定距离,这样做的缺点是辐射场到达样品时已经衰减,优点在于方便探测和发射诊断。另一个优点是,它还允许对光源进行光谱滤波,特别是去除吸收长度较短的低能光子,从而避免因低能光子导致大块样品加热的不均匀性。

在这种情况下,如果我们有一个特性良好的光源,就可以很容易地估计独立光源的加热程度和产生 WDM 样品可能性。我们取以下近似:产生光源的激光聚焦成半径为 R 的圆形平顶分布,考虑随机相位板技术的发展,这是合理的。我们可以将焦斑区域划分为面积为 $2\pi r \mathrm{d}r (0 \leqslant r \leqslant R)$ 的环形区域,假设每个都有 $\sigma_x (\mathrm{W} \cdot \mathrm{cm}^{-2} \cdot \mathrm{sr}^{-1})$ 的辐射。沿中心轴方向取一点 z,垂直于光源平面,离环形空间上一点的距离由 $s^2 = r^2 + z^2$ 给出,视角为 $\cos\theta = z/s$,如图 3.3 所示。加热样品的平面(图中的 P)与来自源的 X 射线的角度相同。这意味着,每个环面空间提供的穿过样品平面的通量可以积分得到:

$$F_x (\mathrm{W} \cdot \mathrm{cm}^{-2}) = 2\pi\sigma_x \int_0^R \frac{r}{(r^2 + z^2)} \mathrm{d}r \qquad (3.5)$$

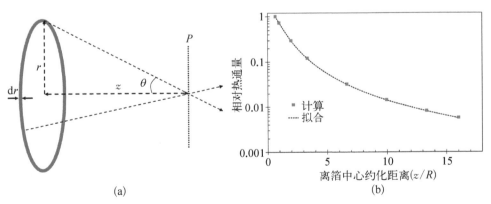

图 3.3　用独立光源加热几何原理示意图(a)和在平顶发射分布情况下相对热通量作为沿 z 轴距离的函数(距离用光源半径 R 约化)(b)

使用标准积分,可以直接将加热作为距离的函数进行计算。对于平顶源的情况,我们可以通过形式的缩放来拟合轴上通量作为距离的函数:

$$F_x(\mathrm{W} \cdot \mathrm{cm}^{-2}) = \frac{A_0}{(R^2 + z^2)} \tag{3.6}$$

其中,$z=0$ 处的值表示从样品表面单位面积发射的功率。在许多情况下,焦斑不会产生平顶光源,考虑 σ_x 的径向变化,我们可以使用一个简单的计算程序来计算通量,并对式(3.5)进行修改,还可以使用一个计算程序来计算平行于光源的横向通量。图 3.4 显示了平顶径向源的示例。在该图中,通量分布的宽度取决于沿 z 方向的距离与焦斑半径的比率,可以估计,当焦斑直径为 $200\ \mu$m,偏移量为 1.0 mm 时,分布的半高宽(FHWM)大约为 1.5 mm,这对我们实现均匀加热的区域带来了限制。

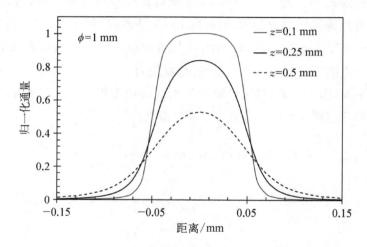

图 3.4　平行于 1 mm 平顶光源焦斑的平面横向通量分布的模拟

与光斑大小相比,在较小的距离处,可以看到大致平顶的通量,但随着距离的增加,这种通量会迅速变化

对于上面讨论的钯 L 壳层发射照射薄铝箔的情况,光源的峰值辐射强度为 σ_x 约为 10^{13} W cm^{-2} · sr^{-1}、具有约 100 μm 半径焦斑。考虑到发射的角度特性(假设与法线夹角的余弦),我们可以使用式(3.5)得到,在距离 1 mm 处,强度辐照轴上的通量约为 3.5×10^{11} W · cm^{-2}。在这种情况下,对约为 3 keV 光子的能量吸收较弱,但双面辐照的总吸收能量约为 17 eV/原子。

在任何体积加热实验中,较软的 X 射线具有更短的吸收长度,这会导致不均匀加热,因为样品的外部可以从低能光子吸收大量额外能量。这个问题通常使用滤片来减轻。一般使用诸如 CH 的材料,因为 CH 对所需的 keV 加热 X 射线非常透明,同时大大阻挡较软的 X 射线。在上述 Kettle 等的例子中,加热的 Pd 层产生了一个宽的准黑体连续体,有效光谱温度约为 170 eV(见图 3.5),这意味着在 0.5 keV 附近一个发射峰值。这可以通过使用 20 μm 的 CH 基底,L 壳层 X 射线可以穿透该 CH 涂层,而较软的宽带发射衰减系数大于 1 000。图 3.5 给出了典型光滑源条件靶的空间均匀性模拟。可以看到,当我们假设一个非均匀源时会发生什么:靶上的均匀性并没有受到真正的影响,这是独立光源的一个显著优势。

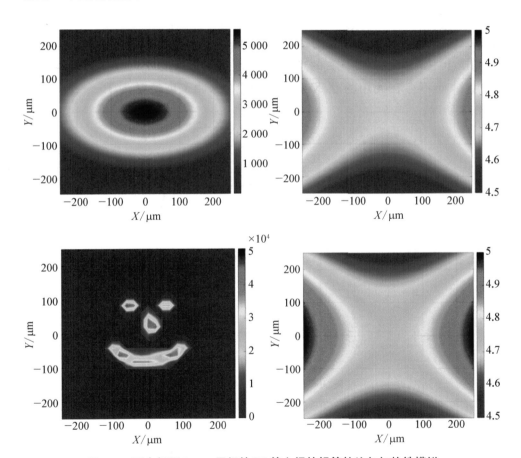

图 3.5　两个相距 2 mm 平行的 Pd 箔之间的铝箔的均匀加热性模拟

左侧的两幅图像是假设的 Pd 箔 X 射线发射分布,而右侧的图像显示了靶箔上的合成分布,靶箔以 45° 的角度放置在 1 mm 之外。正如我们所看到的,加热的均匀性对焦斑中激光能量的分布并不敏感,这是样品箔偏离加热箔一定距离的关键优势总之,对于激光等离子体源的辐射加热,一个关键的实验问题是 X 射线加热层是否构成样品靶的一部分,或者是否需要一个独立的靶来进行特定诊断。在 Glenzer 等[23]的实验中,大的、毫米级的、圆柱形的几何结构与大量可用的光束允许加热层直接涂覆在 Be 样品上,也允许加热均匀且不影响的 keV X 射线散射探针的使用。相比之下,Kettle 等的实验要求使用 XUV 探测,在这种情况下,X 射线发射层在测量中占据主导,因此选择了独立的热源。

3.1.3　X 射线自由电子源

过去十年的一个重要进展是 X 射线自由电子激光器的发展,并已应用于 WDM 实验[25-26]。值得注意的是,X 射线自由电子激光器的一个关键优势是,它们产生一个强的、高度准直的光束,可调谐到 10 keV 以上,并可用于均匀的体积加热,而不存在无用的软 X 射线成分[27],脉冲宽度通常为 10～100 fs,如图 3.6 所示。

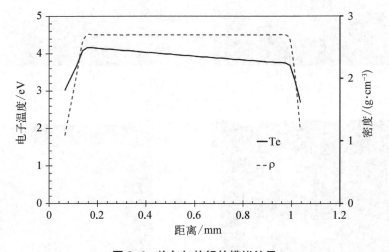

图 3.6　均匀加热铝的模拟结果

用 3.1 keV 的 X 射线均匀加热铝箔,脉冲宽度为 100 fs(FWHM),对于初始厚度为 1 μm 的箔材,加热后的模拟时间为 5 ps

图 3.6 展现了一个样本的均匀性模拟案例。在模拟中,一个 3.1 keV、半高宽为 100 fs 的 X 射线脉冲以 10^{15} W·cm^{-2} 的强度入射到 1 μm 厚的铝箔上,整个铝箔被均匀加热,最高温度波动范围仅为 10% 左右。当然,这一优势在一定程度上被相对较小的可用能量(通常在毫焦范围内)所抵消,这意味着样品尺寸

较小。在 Lévy 等的例子中焦斑直径小于 20 μm，对于图 3.6 的模拟，假设能量为 3 mJ，是大型 XFEL 设施中典型的能量，焦斑必须限制在 60 μm 才能达到所需的强度[27]。

在显示的剖面图中，我们可以看到，即使在辐照后几皮秒，流体力学运动也只影响边缘区域，而整体仍保持固体密度。正如第 1 章所讨论的，对于 1 μm 箔，其预期声速为 13 km/s，可以估计出解体时间尺度为 80 ps；在第 1 章 Mazevet 等[28]研究了金箔结构变化的时间尺度，这些金箔被有效地瞬间加热到适合 WDM 的能量密度，并发现演化时间尺度超过几皮秒。显然，使用 XFELs（加热脉冲脉宽为声子频率的倒数）有一个潜在的好处：我们可以在实验中考虑探测时间演化和平衡效应，而不是如何保持均匀的固体密度。

然而，对于最快的时间尺度实验，我们可能需要考虑能量被吸收的方式，这是由于样品中的电子对 XFEL 光子的光吸收。即使对于 K 边的吸收，我们也可能最终得到初始能量为几千电子伏的光发射电子。此类电子在固体中射程的研究[29]表明，在 1～10 keV 范围内，对于中 Z 元素，我们预测的射程范围为 1～10 nm，阻滞时间超过几飞秒。因此，我们可能需要在解释超快现象的实验中考虑这一点。

3.2　质子与重离子加热

3.2.1　物质中的离子能损

快离子与物质相互作用的方式产生了如治疗癌症的强子疗法、掺杂半导体结的生产和 WDM 样品的产生等一系列可能的应用。为了理解这些重要的概念，我们考虑一个简单的重离子-固体靶中电子相互作用模型，如图 3.7 所示。

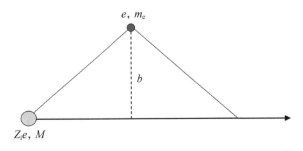

图 3.7　固体靶中重粒子和电子相互作用的简化示意图

我们假设一个净电荷为 $Z_i e$，原子质量为 M 的投射粒子以非相对论速度 v 进入靶材料。我们考虑一个具有碰撞参数 b 的特定电子的相互作用，如图 3.7 所示，那么当粒子接近到最近距离时，它们之间的力的大小由下式给出：

$$F = \frac{Z_i e^2}{4\pi\varepsilon_0 b^2} \tag{3.7}$$

由于重粒子的质量比电子大得多，它的轨道几乎不受相互作用的影响，并且电子反冲（在重粒子运动方向上，如果它带正电）会吸收一部分动能导致动能从重粒子中损失。传递给电子的动量是作用力随时间的积分。考虑到纵向力相互抵消，且只有横向力有效，所以，冲量是由最接近处的作用力 F 和有效时间 $dt = 2b/v$ 的乘积给出，即 Fdt。因此，传递给电子的非相对论动量为

$$P_e = \frac{2Z_i e^2}{4\pi\varepsilon_0 bv} \tag{3.8}$$

由于这种相互作用，重粒子损失的动能为

$$K_e = \frac{2Z_i^2 e^4}{(4\pi\varepsilon_0)^2 m_e b^2 v^2} \tag{3.9}$$

如果靶材料的原子数密度由 N_a 给出，原子序数为 Z，则在半径为 b、宽度为 db 的环形空间内有 $2\pi b db N_a Z$ 个电子。当重粒子穿过固体时，它与其他的电子有着类似的相互作用，我们可以对碰撞参数的所有值进行积分，得出能损的瞬时速率如下：

$$-\frac{dK_e}{dz} = \frac{Z_i^2 e^4}{(4\pi\varepsilon_0)^2 m_e} \frac{4\pi Z N_a}{v^2} \int_{b_{\min}}^{b_{\max}} \frac{db}{b} = \frac{N_a Z Z_i^2 e^4}{4\pi\varepsilon_0^2 m_e} \frac{4\pi}{v^2} \ln\left[\frac{b_{\max}}{b_{\min}}\right] \tag{3.10}$$

可见能损率与重粒子速度 v 的平方成反比，因此与能量成反比。有效碰撞参数的上限和下限值通常通过考虑最大和最小能量传递来处理。对于原子中的电子而言，为了从与离子的相互作用中获得反冲能量，可以考虑最小能量增益必须是样品材料的平均电离能 I_{avg}。这确定了 $b_{\max}$ 的值，基于式（3.9）可以看到：$b_{\max}^2 \propto 1/I_{\mathrm{avg}}$。对于最大能损，我们根据一个较轻和较重的粒子之间的对撞来设定，其中动量的传递约为 $2p_e$。这时离子的能量损失约为 $2m_e v^2$，因此，$b_{\max}^2 \propto \dfrac{1}{2m_e v^2}$，把这两者结合起来即可将式（3.10）中的对数项替换为非

相对论项：

$$\frac{1}{2}\ln\left(\frac{2m_e v^2}{I_{avg}}\right) \tag{3.11}$$

上述处理非常简单，但包含了 Bethe 阻止本领方程中的一些关键行为，在相对论体系中，它表示为

$$\frac{dK_e}{dz} = -\frac{N_a Z Z_i^2 e^4}{4\pi\epsilon_0^2 m_e c^2}\frac{1}{\beta^2}\left[\ln\left(\frac{2m_e c^2 \beta^2}{I_{avg}(1-\beta^2)} - \beta^2\right)\right] \tag{3.12}$$

正如我们所看到的，它与简单推导的差异包含在自然对数项中。Bloch 公式之后，通常使用 $I_{avg} = 11Z$ eV 来近似，使用该关系时式（3.12）有时被称为 Bethe - Bloch 公式。该公式通常在高能 MeV 范围内有效，并且已经对低能投射重离子进行了一些修正；请参见 Ziegler[30] 对该主题的讨论。

到目前为止，推导的主要结果是观察到能量损失率与投射重离子动能成反比。这意味着最初进入靶的离子可能会缓慢地损失能量，随后会更快地损失能量，直到在所谓的布拉格峰处突然出现能量的完全损失。可以在图 3.8(a) 中看到铝中质子的阻止本领。在这些计算中，阻止本领数据[31] 基于 PSTAR 程序的详细计算，并在美国国家科学技术研究院（NIST）网站上列出。

正如我们在第 2 章中所讨论的，重离子束装置可以使单位原子质量产生数百 MeV 的离子束，即使在高 Z 样品中，这些离子的射程也可以达到几毫米。与 X 射线加热相比，重离子束装置具有一个显著的优势：它可以产生毫米尺度、更高 Z 的 WDM 样本，这是 keV 范围内的 X 射线难以穿透的，至少对于激光等离子体而言，较硬的 X 射线源在穿透这类样本的效率会下降。针对这种可行性设计出了几项实例，一个突出的例子是 HIHEX 装置[32-33]，其中直径为 2~3 mm 的离子束可用于等容加热一个直径约为毫米级的圆柱形等离子体，允许沿几毫米长的样品沉积数百光焦每千克的能量。图 3.8(b) 总结了铀离子和铅靶产生 WDM 的可能性[32]。该可能性不限于高 Z 靶，例如，Tauschwitz 等[34] 讨论了使用相同装置，将毫米级的固体密度氢靶等容加热到几个电子伏。

正如所看到的，离子束 WDM 产生的一个关键优势是，可以用高 Z 材料制作大样本，还不容易被 X 射线源穿透。然而，这也意味着不能用 X 射线探测样品，必须考虑用于描述所产生样品特征的诊断方法。

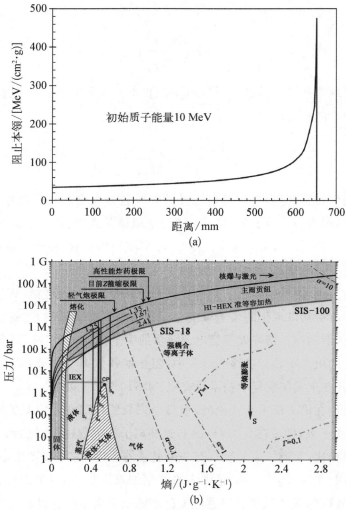

图 3.8　铝的阻止本领与重离子束产生温稠密铅的压力-熵分布[31-32]

（a）初始动能为 10 MeV 的质子的阻止本领，它是进入铝样品深度的函数，该图是使用 NIST 数据库中的阻止本领数据绘制的；（b）达姆施塔特 GSI 升级的 SIS-100 离子束设施可能产生的 WDM 说明图，可以看到，在这种情况下，对于 Pb，可以达到数兆靶 WDM 区域

3.2.2　激光驱动质子束加热

21 世纪初以来，我们已经知道，10^{18} W·cm^{-2} 及以上强度的辐照在固体箔靶上可以产生数十兆电子伏能量的强质子束[35-36]，其主要机制是靶后法向鞘场

加速(TNSA),在这种机制中,被激光辐照的箔靶表面产生一束快电子,当电子穿过箔靶的后表面时,它们会吸收来自箔表面玷污层碳氢污染物的质子,产生的质子是谱观测中的一个重要的实验特征信号。在图 3.9(a)中,可以看到,即使使用相对较小的激光驱动质子系统,也可以产生数兆电子伏的质子。在一个更大的激光驱动质子系统中,可以看到类似的谱分布,但可以延伸到更高的质子能量。

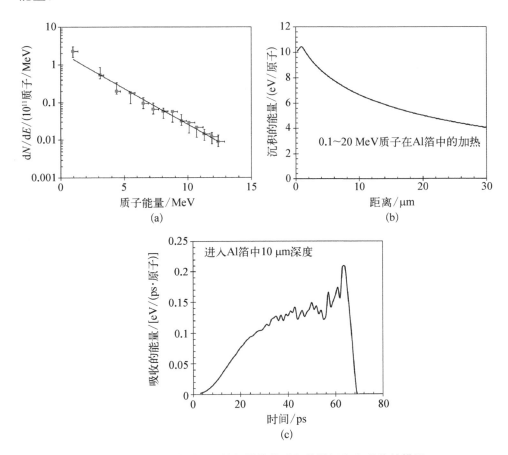

图 3.9　激光驱动质子加热铝箔的能谱与能量沉积和吸收的模拟

(a) 贝尔法斯特女王大学的塔拉尼斯(TARANIS)激光实验所获得的质子能谱,用 1.053 μm 波长、聚焦强度约为 10^{18} W·cm^{-2} 的光照射到 6 μm 厚的铝箔靶上的激光能量为 7.5 J;(b) 铝箔靶的模拟加热剖面,假设能谱与图(a)中给出的相似,而且已将分布外推至能量为 0.1~20 MeV 的质子,并假设用 50 J 较大能量的激光器;(c) 模拟在铝箔中加热 10 μm 深度的时间演化,与图(b)中的模拟相同

到目前为止,这项常规的实验技术已经得到了很好的研究。激光转换效率

高达 10%,获得的质子能量超过 85 MeV[37]。除了用作诊断探测和作为强子治疗装置外,人们还提议将此类质子束应用于将第二个靶加热至 WDM 条件的实验中。图 3.8(a)中 10 MeV 质子的能量沉积表明,只要工作在布拉格峰内,就可以在靶材料中获得大范围相对均匀的沉积。然而,对于 WDM 样品的加热,应该考虑质子的能谱分布,如图 3.9(a)所示,图中给出了模拟结果,下面将加以讨论。

在这样的实验中产生的质子束通常具有一定的发散度,发散度取决于质子能量,且通常约为半弧度。这意味着,即使在距离源 1 mm 的地方,能量也会沉积在直径为 0.5 mm 的区域上,从而限制可达到的加热水平。此外,质子源接近第二个靶使得很难找到可以探测样品的几何条件。早期的研究已经指出,质子束的能量扩散会导致产生 WDM 样本的另一个困难,即质子到达靶的时间扩散。如果假定第二个靶距离质子源箔靶 1 mm,那么对于 2 MeV 的质子,飞行时间约为 50 ps;对于 4 MeV 质子,飞行时间约为 35 ps。到达时间的这种扩散意味着加热不是瞬时的,第二个靶的放置必须靠近,以防止实验期间出现明显的流体力学膨胀。

然而,可以考虑用足够大能量的激光器进行样品加热。如果采用与图 3.9(a)所示类似的质子能谱,可假设激光能量为 50 J,发散度为 0.5 rad,偏移距离为 1 mm,可以将质子能量分群,计算质子束通过样品的能损及能量随距离变化(根据面密度)。图 3.9(b)显示了这种简单方法的结果。由于较慢的质子不能深入到金属箔中,所以在前部附近可以看到更多的加热。尽管如此,我们可以看到,对于 10 μm 厚的铝箔,我们将获得每原子约为 8 eV 的均匀加热,波动约在 20% 以内,产生的压力超过 80 GPa,流体力学膨胀时间约为 1 ns。在图 3.9(c)中将其与 10 μm 深度的一个点的时间加热历史进行比较,其中时间刻度的零点是最快质子群的到达时刻。可以看到,能谱形状(质子数随能量减少)的影响是会产生一个线性上升的加热剖面。在这种情况下,能量沉积在 70 ps 左右被截断,这对应于 1 MeV 能量质子到达的相对时间,它是能进入金属箔此深度的最低质子能量。对于较浅的深度,随着较慢的质子群到达所需时间的延长,加热剖面将更加延伸,但仍然可以穿透箔。在许多实验中,探测可以在最慢的质子到达样品之前进行。如果这仍然是一个问题,则可以通过使用不同的材料(例如 CH)填压样品来解决,从而允许样品材料的较薄箔在低于 100 ps 的时间范围内均匀加热,但流体力学膨胀时间范围可以更长。如果填充材料干扰了诊断,可在产生质子源的箔靶和样品之间填压减速剂层,有助于去除能谱分布中大量的低能质子。

由于能量发散和时间扩散的问题,科学家们研究了聚焦质子的实验方案。其中,Patel 等[38]使用了半球形靶。质子垂直于靶表面加速,因此弯曲的靶产生聚焦效果。使用该方法可将样品加热至约 20 eV。然而,在激光强度 $I >$ 10^{18} W·cm^{-2} 时,强激光与等离子体相互作用的亚毫米尺度使样品探测复杂化,只能利用样品表面的光发射来诊断温度。另一种正在研发的方案是采用螺旋靶产生瞬态静电聚焦[39]来探测。在该方案中,将箔靶连接到螺旋线圈靶的金属丝上,当激光与金属箔相互作用时,产生的快速电子可以逃逸靶,形成快速上升的电流经过靶(包括螺旋线圈靶),导线中的瞬时电荷会产生电场,从而使质子束聚焦。

3.3 快电子加热

上述 TNSA 机制依赖于超热电子的产生,可以通过不同的机制产生超热电子。其中之一是共振吸收,P 偏振激光脉冲以与法线成 θ 角入射到靶表面,激光在表面等离子体中折射,并达到临界密度 $n_c\cos^2\theta$,其中 n_c 是第 2 章中讨论的临界密度(参见文献[40])。在临界密度点,电场振荡平行于密度梯度,在临界密度表面共振驱动等离子体波。当等离子体波衰减时,电子在垂直于靶表面的方向上加速进入靶,这种机制可能发生在激光强度高达 10^{18} W·cm^{-2} 的条件下。在更高的激光辐照下,可以看到 $\boldsymbol{J} \times \boldsymbol{B}$ 机制的加速变化[41],其中电子在激光方向上被加速。

激光转换成这样的快电子的效率可以达到百分之几十。研究者已经证明,等效快电子温度随 $I^{1/3}$ 变化。一种常用的热电子温度与激光强度定标关系是 Beg 等[42]给出的:

$$T_{\text{hot}}(\text{keV}) = 100(I_{17}\lambda^2)^{1/3} \tag{3.13}$$

式中,$I_{17}\lambda^2$ 的单位为 10^{17} W·cm^{-2}·μm^2。其他作者给出了类似的换算关系,但常数较低,有时依赖于次临界密度冕区等离子体的温度,激光在次临界密度冕区等离子体中传播到反转点被反射。例如,Wilks 和 Kruer[43]给出:

$$T_{\text{hot}}(\text{keV}) = 10(T_{\text{bg}}I_{15}\lambda^2)^{1/3} \tag{3.14}$$

式中，T_{bg} 是日冕等离子体温度，$I_{15}\lambda^2$ 的单位为 10^{15} W·cm^{-2}·μm^2。这种电子在固体中的碰撞范围可达数百微米。然而，这并不一定能给出快速电子穿透固体的深度。正如 Bell 等[44]所讨论的，由快电子产生的电流将超过 Alfvén 极限，由下式给出：

$$I_{\text{A}}(\text{kA}) = 17\beta\gamma \tag{3.15}$$

其中，β 和 γ 在相对论力学中有其通常的含义，电子束能量约为 100 keV 时，电流约为 20 kA。事实上，快电子的电流要比预计值高得多。例如，用 1 ps 的脉冲作用在靶上的能量为 100 J，如果假设吸收率为 20%，$T_{\text{e}} = 100$ keV，预计电流将超过 100 MA。会产生一个几乎相等的、平衡的、较低能量的电子回流来保证电中性，并允许快电子穿透。回流电子更具碰撞性，正是这些回流电子导致了样品的电阻加热。当然，电阻加热的深度将取决于快电子穿透的距离，而快电子穿透的距离又取决于它们的碰撞性和驱动回流的减速电场。Bell 等[44]已计算出该穿透深度，可通过以下公式得出：

$$Z_{\text{fast}}(\mu\text{m}) = 12\left(\frac{T_{\text{hot}}}{200 \text{ keV}}\right)^2\left(\frac{\sigma}{10^6\Omega^{-1}\cdot\text{m}^{-1}}\right)\left(\frac{I_{\text{abs}}}{10^{18} \text{ W}\cdot\text{cm}^{-2}}\right)^{-1} \tag{3.16}$$

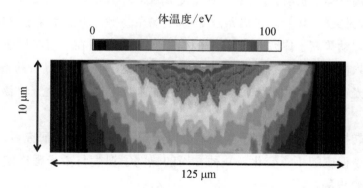

图 3.10　以激光波长为 1.053 μm 聚焦到 2×10^{18} W·cm^{-2} 的 1 ps脉冲结束时固体 Ti 箔中体温度的 Zephyros 模拟

电导率 σ 取决于本体温度以及材料，因此在加热过程中会发生变化。但是，如果取电导率典型值 10^6 $\Omega^{-1}\cdot$m^{-1} 和光强 10^{18} W·cm^{-2}，根据 Beg 等的换算关系，在快电子温度为 200 keV 时，其穿透深度约为 10 μm。例如，Hansen

等[45]利用该过程产生了固体密度和温度数十电子伏下的 WDM,获得了部分简并且离子-离子耦合参数 $\Gamma > 1$ 的 WDM。该实验的模拟如图 3.10 所示。在这种情况下,用波长为 1.053 μm、脉宽为 1 ps、强度约为 2×10^{18} W·cm^{-2} 的脉冲激光入射到 10 μm 厚的 Ti 箔上,获得了等效温度为 250 keV 的快电子。模拟使用的是 Zephyros 程序[46],这是一个三维混合程序,用于模拟由高功率激光等离子体相互作用产生的快电子在固体靶的输运过程。该程序使用 Lee – More 电导率模型[47]来计算电子回流与电阻加热,并计算了快电子回流产生的电场(E)和磁场(B)。在这种情况下,固体密度样品通过电阻加热温度在数十个电子伏。在下一章中,我们将会看到在这种样品中快电子是如何产生 K_α 发射的,它可用作温度诊断。

这其至比上面讨论的质子加热更重要,该技术的一个潜在限制是 WDM 样品必须非常接近由强激光相互作用产生的高温等离子体,其可能会造成诊断中产生硬 X 射线背景问题以及电磁脉冲对电子装置的干扰问题,这是强激光等离子体实验中的一个已知问题。除了这个问题,还存在很强的温度梯度,这将使诊断 WDM 条件的任务复杂化。

在高能密度科学中,从理论上已经讨论了使用来自加速器的高能电子束而避免使用激光等离子体的可能性[48]。Kikuchi 等[49]提出了一种用于 WDM 实验的最佳设计,该设计使用了脉宽为 100 ns、能量为 1 MeV 的电子束,具有约为 10 kA 的电流,用于将毫米尺度铝块加热至 1eV。在使用长脉宽脉冲的实验过程中,需要仔细设计以避免流体力学膨胀。目前,使用这类装置进行的实验比较少。然而,Coleman 等[50]使用能量力 19.8 MeV、脉宽为 100 ns 的电子束团,等容加热 0.2 mm 厚的铜箔,使其在 WDM 条件下达到约 1 eV。在加热过程的一半左右,压力约为 20 GPa 时,出现了流体力学扩散解体。

利用快电子产生 WDM 的方法尽管可能不是研究 WDM 本身的最佳方法,但这种状态的产生是理解快电子点火过程的一个重要部分[51],这仍然是激光等离子体领域相当有趣的问题。

参考文献

[1] Batanov V A, Gochelashvili K S, Ershov B V, Malkov A N, Kolisnichenko P I, Prokhorov A M and Fedorov V B 1974 *JETP Lett.* **20** 185 – 7
[2] Burkhalter P G and Nagel D J 1975 *Phys. Rev.* A **11** 782 – 8

[3] Boiko V A, Faenov A Y and Pikuz S A 1978 *J. Quant. Spectrosc. Radiat. Transf.* **19** 11 – 50

[4] Sigel R, Eidmann K, Lavarenne F and Schmalz R 1999 *Phys. Fluids* B **2** 199

[5] Kania D R *et al* 1992 *Phys. Rev.* A **46** 7853

[6] Goldstone P 1987 *Phys. Rev. Lett.* **59** 56 – 9

[7] Kornblum H N, Kauffman R L and Smith J A 1986 *Rev. Sci. Instrum.* **57** 2179 – 81

[8] Matthews D L 1982 *J. Appl. Phys.* **54** 4260 – 8

[9] Griem H R 1964 *Plasma Spectroscopy* (New York: McGraw-Hill)

[10] Salzmann D 1998 *Atomic Physics in Hot Plasmas* (Oxford: Oxford University Press)

[11] Karzas W J and Latter R 1961 *Astrophys. J. Suppl.* **6** 167

[12] Garban-Labaune C, Fabre E, Max C E, Fabbro R, Amiranoff F, Virmont J, Weinfeld M and Michard A 1982 *Phys. Rev. Lett.* **48** 1018 – 21

[13] Nishimura H *et al* 1991 *Phys. Rev.* A **44** 8323 – 833

[14] Farmer W A, Tabak M, Hammer J H, Amendt P A and Hinkel D E 2019 Phys. *Plasmas* **26** 032701

[15] Henke B L, Gullikson E M and Davis J C 1993 At. *Data Nucl. Data tables* **54** 181 – 342

[16] Rybicki G B 1979 *Radiative Processes in Astrophysics* (New York: Wiley)

[17] Apruzese J P, Davis J, Whitney K G, Thornhill J W, Kepple P C, Clark R W, Deeney C, Coverdale C A and Sanford T W L 2002 *Phys. Plasmas* **9** 2411 – 9

[18] Dewald E L *et al* 2008 *Phys. Plasmas* **15** 072706

[19] Phillion D W and Hailey C J 1986 *Phys. Rev.* A **34** 4886 – 96

[20] Kettle B *et al* 2015 *J. Phys. B: At. Mol. Opt. Phys.* **48** 224002

[21] Hu G-Y *et al* 2008 *Laser Part. Beams* **26** 661 – 70

[22] Back C A *et al* 2001 *Phys. Rev. Lett.* **87** 275003

[23] Glenzer S H, Gregori G, Lee R W, Rogers F J, Pollaine S W and Landen O L 2003 *Phys. Rev. Lett.* **90** 175002

[24] Kettle B *et al* 2016 *Phys. Rev.* E **94** 023203

[25] Lee R W *et al* 2003 *J. Opt. Soc. Am.* B **20** 770 – 8

[26] Zastrau U *et al* 2008 *Phys. Rev.* E **78** 066406

[27] Levy A *et al* 2015 *Phys. Plasmas* **22** 030703

[28] Mazevet S, Clérouin J, Recoules V, Anglade P M and Zerah G 2005 *Phys. Rev. Lett.* **95** 085002

[29] Ashley J C, Tung C J, Ritchie R H and Anderson V E 1976 *IEEE Trans. Nucl. Sci.* **NS** – **23** 1833 – 7

[30] Ziegler J F 1999 *J. Appl. Phys.* **85** 1249

[31] Andersen H H and Ziegler J F 1977 *The Stopping and Ranges of Ions in Matter* vol 3 (Elmsford, NY: Pergamon)

[32] Tahir N A, Spiller P, Piriz A R, Shutov A, Lomonosov I V, Schollmeier M, Pelka A, Hoffmann D H H and Deutsch C 2008 *Phys. Scr.* **T132** 014023

[33] Mintsev V *et al* 2016 *Contrib. Plasma Phys.* **56** 281 – 5

[34] Tauschwitz A, Maruhn J A, Riley D, Shabbir N G, Rosmej F B, Borneis S and Tauschwitz A 2007 *High Energy Density Phys.* **3** 371 – 8

[35] Snavely R A *et al* 2000 *Phys. Rev. Lett.* **85** 2945 – 8

[36] Clark E L *et al* 2000 *Phys. Rev. Lett.* **85** 1654 – 7

[37] Wagner F *et al* 2016 *Phys. Rev. Lett.* **116** 205002

[38] Patel P K *et al* 2003 *Phys. Rev. Lett.* **91** 125004

[39] Ahmed H *et al* 2016 *Sci. Rep.* **7** 10891

[40] Kruer W L 2003 *The Physics of Laser Plasma Interactions* (Boulder, CO: Westview Press)

[41] Wilks S C, Kruer W L, Tabak M and Langdon A B 1997 *Phys. Rev. Lett.* **69** 1383 – 6

[42] Beg F N *et al* 1997 *Phys. Plasmas* **4** 447

[43] Wilks S C and Kruer W L 1997 *IEEE J. Quantum Electron.* **33** 1954 – 68

[44] Bell A R, Davies J R, Guerin S and Ruhl H 1997 *Plasma Phys. Control. Fusion* **39** 653 – 9

[45] Hansen S B *et al* 2005 *Phys. Rev.* E **72** 036408

[46] Robinson A P L 2014 Zephyros User Manual *Technical Report* RAL – TR – 2014 – 013

[47] Lee Y T and More R M 1984 *Phys. Fluids* **27** 1273 – 86

[48] Joshi C *et al* 2002 *Phys. Plasmas* **9** 1845 – 55

[49] Kikuchi T, Sasaki T, Horioka K and Harada N 2009 *J. Plasma Fusion Res: Rapid Commun.* **4** 026

[50] Coleman J E, Morris H E, Jakulewicz M S, Andrews H L and Briggs M E 2018 *Phys. Rev.* E **98** 043201

[51] Tabak M, Hammer J, Glinsky M E, Kruer W L, Wilks S C, Woodworth J, Campbell E M, Perry M D and Mason R J 1994 *Phys. Plasmas* **1** 1626

正如我们第 2 章和第 3 章所看到的,利用 X 射线驱动产生 WDM 样品在 WDM 的实验研究中非常重要,包括通过冲击产生和体积加热。因此,这里有必要讨论表征 X 射线源所需的一些技术和装置。同样重要的是,虽然光学技术通常只能探测温稠密样品的表面,但 X 射线能够穿透稠密、相对较冷的样品,从而形成诊断技术(如 X 射线散射和吸收光谱)的基础。WDM 中的高密度和相对中等温度的组合意味着 X 射线发射光谱通常具有有限的价值。然而,我们也注意到一些例外情况,例如,非热产生的 X 射线发射可用于提供样品内温度和电离平衡的信息。

4.1　X 射线的色散和检测

本节讨论 X 射线光谱色散和探测中涉及的一些实验注意事项。这对于要讨论的诊断技术都是至关重要的。

4.1.1　布拉格晶体光谱仪

对于光子能量范围为 1~10 keV 的 X 射线,发射或散射 X 射线光谱色散的最合适方法是使用布拉格晶体光谱仪。图 4.1 为布拉格衍射的示意图。其基本方程[1]为

$$n\lambda = 2d\sin\theta_{\mathrm{B}} \tag{4.1}$$

式中,整数 n 为反射级数,λ 为波长,d 为层间距离,它与晶体和晶体切割有关,

$2\theta_B$ 为衍射过程中 X 射线偏转的角度。

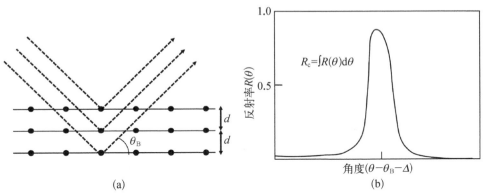

图 4.1　具有平面间距 d 的晶体 X 射线的布拉格衍射示意图（a）和反射率随角度变化摇摆曲线示意图（b）

（a）如果相邻平面中原子散射的 X 射线之间的路径长度为波长的整数倍，则可实现相长干涉，从而产生众所周知的布拉格条件［式（4.1）］；（b）峰值从布拉格角略微偏移了一个小项 Δ，它描述在 X 射线区域材料的折射率

实际上，特定波长的 X 射线的反射率发生在一个小角度范围内，从而产生一个摇摆曲线，通常其宽度为 10^{-4} rad 数量级，如图 4.1（b）所示。摇摆曲线的宽度决定了在晶体光谱仪中可能达到的最终分辨率 $E/\Delta E$。虽然在大多数情况下该分辨率受到探测器的分辨率和光源展宽的限制，但仍然可以达到 $10^4 \sim 10^5$ 数量级。下面给出一个典型的光源和探测器展宽的估算结果（见图 4.1），对于特定的布拉格角，假定光源发出的 X 射线从经过晶体到达探测器右侧表面的总距离为 L，如果探测器与入射光线垂直，则角度变化 $\mathrm{d}\theta$ 将导致探测器上的位置发生变化 $\mathrm{d}s = L\mathrm{d}\theta$，当 $n=1$ 时色散由式（4.1）给出：

$$\frac{\mathrm{d}\lambda}{\mathrm{d}s} = \frac{2d\cos\theta_B}{L} \tag{4.2}$$

基于这个方程，可以通过将 $\mathrm{d}s$ 与探测器上的典型像素或分辨元素等效来确定波长分辨率 $\mathrm{d}\lambda$。或者，可以考虑一个对称的变量，并将 $\mathrm{d}s$ 看作是光源的投影尺寸，其平面与向晶体发射的 X 射线垂直，用相同的公式计算光源展宽。对于激光等离子体背光实验，若一个典型光源的尺寸为 $100\ \mu m$、光源与探测器距离约为 30 cm，假设一个典型晶体的 $2d=1$ nm 和布拉格角为 $30°$，即可计算出由于光源展宽导致的分辨率为 1 700，通常探测器的分辨率比这个更好或者高于其分辨率的 $1/2$。

积分反射率 R_c 决定信号大小，与从表面反射光波长一样，反射率取决于偏振。对于 P 偏振 X 射线,反射在布鲁斯特角处最小,由 $\arctan n_r$ 给出,其中 n_r 是折射率。对于 X 射线区域,若 $n_r \approx 1$,布鲁斯特角就接近 $45°$,P 偏振 X 射线反射接近于零。在一些实验中,确保这些参量的取值范围十分重要,特别是在考虑偏振 X 射线散射(例如来自 X 射线自由电子激光器)的情况下。

对于某些晶体类型,其结构并不理想且晶体内部又由围绕正常取向有所分散的小微晶组成,这种类型的晶体被称为马赛克晶体,它们显示出摇摆曲线的展宽与普遍偏高的积分反射率。一个特别重要的例子是高定向热解石墨(HOPG)[2-4],微晶取向的散布范围取决于晶体的品级,取值约为 $0.1°\sim1°$,积分反射率为几倍 10^{-3} rad。使用 HOPG 的一个重要限制是,由于马赛克聚焦现象[3](有时称为仲聚焦),为了具有良好的光谱分辨率,光源到晶体和晶体到探测器的距离应具有可比性,理想情况下两者应相同。满足此条件后,使用 HOPG 可获得几千的分辨率[4]。HOPG 的另一个特点是,它不需要像许多晶体那样生长成大块晶体,但可以沉积到基底上,形成一个通常为 $100~\mu m$ 厚的薄层。基底不必是平的,可以是曲面以形成聚焦晶体。在表 4.1 中,列出了常用晶体的一些特性和所用切割的米勒(Miller)指数,并给出了理想晶体和马赛克晶体在假定布拉格角为 $30°$时的典型反射率。在文献[5]中可以找到细致、更全面的包括所有波长的反射率。

表 4.1　在 WDM 实验中的一些常用晶体的 X 射线谱参数

晶　体	$2d$Å	R_p/mrad	R_m/mrad	范围/Å
硅 Si(220)	3.84	0.077	0.185	2.7~3.7
硅 Si(111)	6.271	0.053	0.114	4.4~6.0
石墨(0002)	6.708	0.11	2.5	4.7~6.5
PET(002)	8.742	0.08	0.55	6.2~8.4
ADP(101)	10.64	0.13	0.16	7.5~10.3
KAP(001)	26.634	0.023	0.03	19~25

R_p 与 R_m 分别是在布鲁斯特角为 $30°$时估计的理想晶体与马赛克晶体的反射率,典型的光谱范围取自布鲁斯特角的实际范围 $15°\sim45°$,对较长的波长,其光子能量降到了 1 keV 以下,滤片的强吸收也许会限制该诊断技术的探测能力

译者注:PET 晶体,pentaerythritol crystals,季戊四醇,$C(CH_2OH)_4$;ADP 晶体,ammonium dihydrogen phosphate crystal,磷酸二氢铵,$(NH_4H_2PO_4)$;KAP 晶体,potassium acid phthalate crystals,邻苯二甲酸氢钾,$KC_8H_5O_4$

到目前为止,我们已经讨论了平面晶体,如图 4.1 所示。然而,为了收集更多的实验信号、获取更高的空间分辨率,可以使用弯曲晶体。首先考虑 von-Hamos 构型中的圆柱形聚焦。如图 4.2(a)所示,von-Hamos 构型将衍射信号集中到一个线焦点,从而提高信噪比。原则上,这种构型还提供发射光源的一维空间分辨率。实际上,其分辨率取决于光源尺寸、探测器分辨率和晶体表面的光学质量。HOPG 的高度马赛克特性通常使其不太适合高分辨率空间成像。然而,它能够提供具有良好光谱分辨率的高集成反射率,并且容易形成聚焦几何体,可以将低信号与背景发射信号有效区分开来,这使得它在诸如 X 射线的汤姆逊散射等测量中得到了广泛的应用。

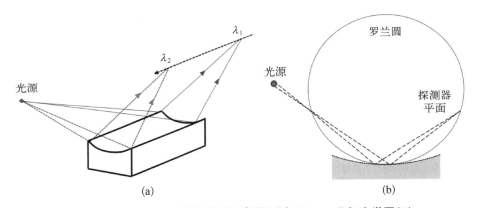

(a)　　　　　　　　　　　　　(b)

图 4.2　von-Hamos 晶体排列示意图(a)和 Johann 几何光学图(b)

(a) 如果光源位于晶体中心上方且等于其曲率半径的高度,则可以获得垂直于波长色散方向的空间分辨率;(b) 在这种构型中,只要探测器位于罗兰圆上,光源展宽就可以基本上被消除且可实现约为 5 000 分辨率[6]

柱面弯曲晶体也可用于 Johann 构型,见图 4.2(b)。在此构型中,曲率半径为 R 的晶体刚好接触罗兰圆的边缘,罗兰圆的半径为 $2R$。从光源发射的 X 射线将通过罗兰圆上的一个点到达晶体。晶体上形成的布拉格角导致 X 射线被投射到罗兰圆上的对称点。正如在图中所看到的,晶体的曲率意味着从光源的不同部分发射的相同波长的光线将在晶体的不同部分满足必要的布拉格角,且将通过罗兰圆上的相同点被投射到其对称位置。这意味着其可以有效地消除光源展宽,从而实现高光谱分辨率。对于相对较大尺寸的光源这一点尤其重要,例如,我们通过 X 射线散射探测毫米尺寸的样品的情形。

事实上,Johann 构型并不能实现完美的光谱聚焦。为了实现这一目的,可以使用 Johansson 构型。在此构型中，晶体的曲率仍然是罗兰圆半径的两倍，但现在晶体的表面被加工成沿着其整个长度位于罗兰圆上，这是等离子体光谱中使用较少的构型，因为辅助的加工也是非常重要的。

对于某些应用，可以通过球形聚焦晶体获得较高的空间和光谱分辨率[7]，这些晶体可通过各种晶体切割方法获得。

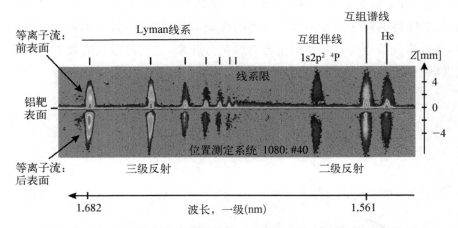

图 4.3 用球形云母晶体拍摄铝等离子体发射的类氦和类氢 X 射线光谱

反射为二阶和三阶，虽然爆炸箔不是 WDM 样品，但该图像很好地说明了空间分辨率和光谱分辨率与球形晶体的结合，尽管等离子体尺寸很大，但其已实现 $\Delta E/E \approx 10^3$ 数量级的分辨率[8]

或者，可以制作准单色二维成像。在后一种情况下，最佳焦距由方程给出：

$$\frac{1}{u} + \frac{1}{v} = \frac{2\sin\theta_{\mathrm{B}}}{R} \tag{4.3}$$

其中，u 是从光源到晶体表面中心的距离，v 是从晶体到图像平面的距离，R 是晶体曲率半径。为了在径向方向上同步获得光谱分辨率和一维空间分辨率，可以将探测器放置在罗兰圆上，Johann 聚焦消除了光源尺寸对光谱展宽的影响。在这种情况下，所需的几何图形到光源的距离 u 设置为

$$u = \frac{R\sin\theta_{\mathrm{B}}}{(2\sin\theta_{\mathrm{B}} - 1)} \tag{4.4}$$

在图 4.3 中，可以看到使用云母晶体的示例光谱，$R = 150$ mm，$2d = 19.8$ Å。这显示了强度为 10^{15} W·cm^{-2}、波长为 438 nm、脉宽约为 250 ps 的激光脉冲照射下爆炸铝箔的发射光谱，爆炸铝箔产生快速膨胀的热箔，发出类氢和

类氢谱线。

4.1.2　电子 X 射线探测器和像信号板

目前普遍使用的千电子伏 X 射线探测器是电荷耦合器件(charge-coupled device，CCD)。文献中已对其进行了大量的评述，如 Holst 和 Lomheim[9] 等的工作，这里我们只给出简要概述。

CCD 是基于 Si pn 结的工作特性而设计的。如果向 n 型 Si 施加正电势，则电子(负)载流子从结区被拉开，同时 p 型 Si 中的正电荷载流子(空穴)被排斥。这在 pn 结处产生了一个无载流子的势阱区(耗尽层)。这个区域被吸收的光子将释放出被俘获在势阱中的电子。在千电子伏光子能量区，喷射出的电子将具有较大的能量，并与其他电子碰撞从而将它们提升到导带。Si 的带隙为 1.1 eV，但能量也会损失。例如，通过碰撞能损到晶格，在这种情况下，每释放一个电子大约需要 3.65 eV 的能量。因此，1 keV 的光子将产生大约 300 个电子。由于 CCD 对单个光子敏感，通过 16 位模拟-数字(A - D)转换可实现对 2～3 个电子的灵敏计数。由于典型的阱容量为 10^5 个电子，因此通过 CCD 可以实现高动态范围的测量。

一旦电荷被收集到阱中，通过将电荷从一个势阱转移到下一个势阱，将电荷转移到显示电路。这是通过不同的方式实现的，具体取决于所使用期间的型号，两相、三相和四相时钟都是可能的。在这种情况下，每个像素区域具有 2～4 个多晶硅电极，这些多晶硅电极按顺序进行高、低切换，以迫使电荷沿着读出寄存器的方向从一个像素到另一个像素，而不会混淆存储在每个像素中的电荷。电荷的保真度取决于时钟速度，通常其数值(>99.9%)非常高。科学级 CCD 的时钟速度通常比视频捕获 CCD 慢，但速度可达到 5 MHz。1 024×1 024 像素的 CCD 的读取时间约为 1 s。对于许多 WDM 实验，受加热源重复频率或需要更换样品靶的限制，打靶速率远低于此速率。

用于 X 射线检测的 CCD 的像素尺寸约为 10～30 μm。然而，这并不能保证这一分辨率水平，因为通过吸收势阱深度以外的 X 射线光子而产生的电荷云没有受到很好的约束，可以溢出到相邻像素中，从而产生"劈裂"。典型的 CCD 芯片(例如 EEV - 1511 芯片)的耗尽层深度约为 7 μm。我们可以通过计算给定能量的光子在该距离内被硅吸收的分数粗略估计分裂事件的可能性[10]。例如，一个能量为 3 keV 的光子的吸收长度为 4.4 μm，因此我们预计 80% 的光子会在耗尽区被吸收,其余的光子会导致"劈裂"。

在实验中,当预期信号较低且不需要良好的光谱分辨率时,人们已经使用CCD进行光子的单独计数。例如,图 4.4(a)显示了一项早期实验的数据,该实验旨在测量铝 WDM 样品的角分辨 X 射线散射。X 射线的散射由 CCD 直接探测。可以在图中看到 CCD 的典型直方图,并对特征予以注释。值得注意的是,以零计数为中心的强峰值是由热噪声引起的,这是因为拍摄背景早于数据快照,并且热噪声是随机的,因此数据快照中的像素可能比背景具有更多或更少的热

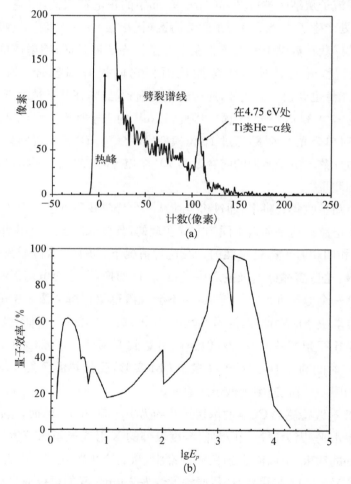

图 4.4 单光子计数直方图示例(a)和背照式 CCD 的量子效率(QE)(b)

(a) 在这种情况下,光源是来自 WDM 样品的 4.75 keV 的 Ti He-α 辐射,
类似数据见文献[11];(b) E_p 为光子能量,单位为 eV

电子。因此,当进行背景扣除时,对于没有信号光子的像素,可以看到半高宽的高斯分布,这相当于约 200 eV 的光子能量。还可以看到当像素以 4.75 keV 吸收散射的 He - α 光子时会产生峰值,该峰和热峰之间的信号分布部分来自等离子体背景发射,但主要来自光谱"劈裂"。

如图 4.4(b)所示,CCD 相机的灵敏度通常会在 8 keV 以上下降,即使使用深度耗尽芯片(其中耗尽层的厚度可能为几十个微米)通常也不会超出 10 keV。对于更高的光子能量,可能需要改用间接探测,使用闪烁体将 X 射线通过光纤耦合传送到探测器进而转换为光学光子。在用高功率激光照射样品的实验中,除非采取仔细的步骤进行屏蔽,否则 CCD 可能会受到电磁脉冲噪声的影响[12]。可以采取屏蔽减缓措施,例如,将 CCD 封装在由接地金属外壳构成的法拉第笼中。

CCD 技术在科学成像领域占据主导地位已有一段时间,但近年来,由于制造能力的提高,几乎同时发展起来的互补金属氧化物半导体(complementary metal oxide semicondutor, CMOS)技术出现了复兴,它们在物理本质上是相似的,像素大小相当,CMOS 的每个像素都有自己独立的数字化和放大率,这使得它的响应不太均匀,但具有大规模并行性,数据读取速度比同等大小的 CCD 阵列快数百倍。Harada 等[13]已经测试了这种装置,用于直接 X 射线检测,发现对于高达 1 keV 的光子,量子效率超过 90%。另一个关键优势是,CCD 中的电荷通过要读取的像素线时,可能会发生图像模糊,这取决于 X 射线源的脉宽。在 CMOS 技术中,每个像素的独立性意味着可以通过电子方式应用全局快门来捕捉图像且没有图像模糊。在如此多的芯片上处理电路意味着,在直接 X 射线检测中,CMOS 可能比 CCD 技术更受影响的是高能光子损伤导致的耐用性问题。

在过去十年中,基于 CMOS 技术的超大面积探测器,如 Cornell - SLAC 混合像素阵列探测器(CSPAD)[14-15] 已被开发出来并用于 X 射线自由电子装置[16],其中 CMOS 技术的快速读出率非常理想,它们基于硅二极管阵列,通常为 194×185 像素,尺寸为 110 μm,可以平铺以创建范围超过 10 cm $\times$ 10 cm 的探测器。厚硅层意味着高量子效率,进而应用于更高的光子能量[14]。

另一种广泛使用的探测器是像信号板[17],其主要特征是高达几百微米厚的荧光体层。这通常是用 $BaF(X)$：Eu^{2+} 制成,其中 X 为 Br 或 I,Br 与 I 的比率取决于像信号板的模式。X 射线光子将 Eu^{2+} 电离为 Eu^{3+},电离出的喷射电子进入荧光粉晶体中的 F – center 的俘获能级。俘获能级是亚稳态的,电子通常会在此停留,除非它被热激发回到导带,然后它可以与 Eu^{3+} 复合,这一过程称为衰退,从像信号板提取数据的过程需要考虑这一效应[18]。后者是将采用 He – Ne 激光紧聚焦方式,在像信号板读取器中执行。然后,这种被俘获的光激发电子复合,发射出特征光学光子(波长约为 390 nm),再由光电二极管检测。收集到的信号与释放电子的数量成正比,因此也与入射 X 射线的数量成正比。一个关键特征是,每个光子的峰值响应能量约为 20 keV,但对超过 100 keV 的能量敏感,并且由于保护层的原因,它们的灵敏度低至数千电子伏。尽管扫描器通常可设置最小为 10 μm 的步长,但根据扫描器和像信号板的模式,实际获得的空间分辨率更可能约为 100 μm[19]。在提取数据后,将像信号板暴露在强烈的卤素灯下几分钟,以清除所有残余的俘获电子。这些像信号板已经可以呈现五个数量级以上的线性响应[17]。

像信号板的优点是不易受到电磁脉冲(EMP)损伤的影响。此外,它们的面积通常可达 35 cm×43 cm,并且可以切割成型。在某些情况下,它对硬 X 射线敏感也是一个优势,当然这也会使它们对硬 X 射线背景噪声敏感,在某些实验中这种情况需要避免。

4.2　X 射线散射

自 20 世纪 90 年代以来,X 射线散射作为 WDM 和稠密等离子体的诊断手段得到了广泛的研究和发展[11,20-27]。该技术目前可以应用于复杂的实验,分析实验以探索 WDM 理论中的关键问题,如等离子体碰撞[28]和辐射加热稠密等离子体中的电荷态动力学[29]等。

4.2.1　散射模型

根据 Chihara[30-31]的工作,可以通过以下等式表示 X 射线散射:

$$
\begin{aligned}
I(k, \bar{\omega}) = \left(\frac{\mathrm{d}\sigma}{\mathrm{d}\bar{\omega}}\right)_T \Big\{ &[f(k)+q(k)]^2 S_{ij}(k, \bar{\omega}) \\
&+ Z_b \int S_b(k, \bar{\omega}-\bar{\omega}') S_i(k, \bar{\omega}') \mathrm{d}\bar{\omega}' + Z_f S_{bee}(k, \bar{\omega}) \Big\}
\end{aligned} \tag{4.5}
$$

在这个方程中，$k = |\vec{k}|$ 是散射波矢的大小，散射包含三个独立计算的主要贡献。这三种贡献均按比例表示为经典汤姆逊散射截面，对于非偏振光，该截面以 SI 单位表示，如下所示：

$$\left(\frac{d\sigma}{d\Omega}\right)_T = \left(\frac{e^2}{4\pi\varepsilon_0 m_e c^2}\right)^2 \frac{1+\cos^2\theta}{2} \qquad (4.6)$$

式中，θ 是散射角，它是入射光子方向和散射光子方向之间的夹角，可通过以下公式与散射波矢相联系：

$$k^2 = (k_s - k_0)^2 + 4k_s k_0 \sin^2(\theta/2) \qquad (4.7)$$

其中，k_0 和 k_s 表示散射光子的初始和最终波矢值。对于弹性散射，或者光子能量变化相对较小的情况，可以使用光子波长 λ 重新计算它：

$$k = (4\pi/\lambda)\sin(\theta/2) \qquad (4.8)$$

随着 X 射线自由电子激光器的出现，考虑 X 射线源的偏振是很重要的，在这种情况下，需要用下式代替式(4.6)：

$$\left(\frac{d\sigma}{d\Omega}\right)_T = \left(\frac{e^2}{4\pi\varepsilon_0 m_e c^2}\right)^2 \sin^2\phi \qquad (4.9)$$

该式中角度 ϕ 与散射角不同，它是入射辐射电场与散射方向之间的夹角。

1. 弹性散射贡献

回到式(4.5)，大括号内的第一项表示准弹性散射，这一项由三个部分组成，其中 $f(k)$ 是离子形状因子，源于相干作用的束缚电子。$f(k)$ 是通过对所讨论的原子或离子的电子密度分布进行积分得出的：

$$f(k) = \int \rho_c(\vec{r}) e^{i\vec{k}\cdot\vec{r}} d^3\vec{r} \qquad (4.10)$$

图 4.5 展示了密度为 $11\ \mathrm{g \cdot cm^{-3}}$ 和温度为 $1\ \mathrm{eV}$ 的冲击压缩 Fe 的计算示例。计算使用了托马斯-费米模型给出的电荷密度分布 $\rho_c(r)$。在小散射角（$k=0$）极限下，$f(k)$ 的值趋向于束缚电子的值，注意在这种情况下，$Z_b \approx 18$。式(4.5)中出现了 $f(k)$ 的平方项，因此可以看到，对于 WDM 状态下的中等高 Z 材料，这将成为散射信号的主要贡献。$q(k)$ 项考虑了自由电子与离子之间的相关性，计算起来稍微复杂一些[32]。例如，它可以用部分结构因子来表示：

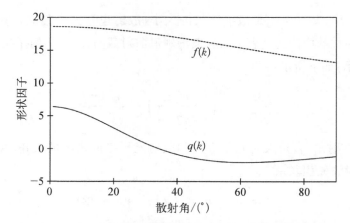

图 4.5　Fe 离子形状因子和自由-束缚电子相关的计算

在 WDM 条件下,假设光子能量为 7 keV,计算 Fe 离子形状因子 $f(k)$ 和自由-束缚电子相关项 $q(k)$,后者采用式(4.12)中的电势形式计算,截断半径为 0.5 Å

$$q(k) = \sqrt{\bar{Z}}\, \frac{S_{ei}(k)}{S_{ii}(k)} \tag{4.11}$$

式中,$S_{ii}(k)$ 是第 1 章中遇到的离子-离子结构因子。$S_{ei}(k)$ 是一个类似的项,但这时的相关性是自由电子和平均电离度为 $\bar{Z}$ 的离子之间的相关性。对于部分电离等离子体,离子和自由电子之间的关联取决于自由电子与束缚电子的相互作用,这可以通过选择相互作用势的形式来表示,例如:

$$V_{ei}(r) = \begin{cases} \dfrac{\bar{Z}e^2}{4\pi\varepsilon_0 r}, & r > r_{cut} \\[2mm] 0, & r < r_{cut} \end{cases} \tag{4.12}$$

这里,假设截断距离 r_{cut} 之外,具有裸库仑势,平均离子电荷为 $\bar{Z}$。在图 4.5 中也给出了 $q(k)$ 的分布,它是根据 Gericke 等[32]的工作计算得出的。虽然散射光子的整体角分布主要由离子-离子结构因子决定,$f(k)$ 变化相对更慢,但我们不应忽略 $q(k)$ 对观测数据的影响。例如,我们在图 4.5 中看到,$q(k)$ 是 $f(k)$ 的重要部分,因此将显著影响整体散射和散射角。此外,我们注意到,对于某些角度,$q(k)$ 可能为负,这表明束缚电子和自由电子的散射之间存在相消干涉。平方前将 $q(k)$ 加到 $f(k)$ 上可能导致相干散射特征的角度变窄。为了估计等离子体条件,通过与模拟进行比较来分析散射非常重要。

准弹性散射的第三个分量 $S_{ii}(k,\omega)$ 是离子-离子形状因子的动力学形式。这与第 1 章中离子-离子形状因子的形式有关,由:

$$S_{ii}(k)=\int S_{ii}(k,\bar{\omega})\,\mathrm{d}\bar{\omega} \tag{4.13}$$

$S_{ii}(k)$ 在光谱积分型中代表离子的平均位置,在动力学型中则代表离子的运动。离子声波在等离子体中的色散关系由下式给出:

$$\bar{\omega}^2 = k^2\,\frac{\gamma_e k_B T_e + \gamma_i k_B T_i}{M} \tag{4.14}$$

式中,$\gamma_{e,i}$ 分别是电子和离子的绝热指数,M 是离子的质量。如果取散射波矢 $k\approx10^{10}\ \mathrm{m}^{-1}$ 作为典型的几个千电子伏的光子散射,那么所需的能量分辨率为数十毫电子伏,所需要的光谱分辨率为 $E/\Delta E\approx10^5$,这是绝大多数 X 射线散射实验无法达到的。尽管我们通常不能分辨离子特性,但已经有一些实验在 WDM 领域实现了这一点。例如,McBride 等[33]描述了利用硅晶体的衍射从较宽的 LCLS 光束产生窄的 X 射线光束。Mabey 等[34]讨论了动态离子-离子结构的测量依赖于细致的输运系数关系,因此这是理解 WDM 物理性质的关键。

为了计算光谱积分和动力学结构因子,通常使用密度泛函理论分子动力学(DFT-MD)模拟,因为计算机能力的快速发展允许更大的样本运行更多的时间步长。为了更快地计算谱积分 $S_{ii}(k)$,通常使用第 1 章中讨论的超网状链(HNC)处理方法。图 4.7 显示了利用 HNC 近似值拟合实验数据的示例。

2. 束缚-自由康普顿贡献

式(4.5)中第二项表示束缚-自由康普顿散射。$S_b(k,\omega-\omega')$ 表示束缚-自由结构因子,$S_i(k,\bar{\omega}')$ 表示离子的热运动。当散射光子将足够的反冲能量传递给束缚电子以引起电离时,束缚-自由项产生。在这种情况下,根据能量和动量守恒,散射光子的能量只与散射角有关。对于束缚电子,我们没有任何给定角度下散射光子的单一能量,而是依赖于初始束缚电子波函数的动量分布的能量谱。正是由于这个原因,这项技术也被用于探测固体中电子的波函数[35]。在适用于大动量转移的所谓脉冲近似[36-37]中,康普顿散射截面如下所示:

$$\left(\frac{\mathrm{d}^2\sigma}{\mathrm{d}\Omega\mathrm{d}\bar{\omega}}\right)=\left(\frac{\mathrm{d}\sigma}{\mathrm{d}\Omega}\right)_T\frac{\bar{\omega}_s}{\bar{\omega}_0}\frac{m_e a_B}{\hbar^2 k}J(\xi) \tag{4.15}$$

式中，ω_0 和 ω_s 分别为入射和散射光子频率，散射光子的康普顿分布由[35]给出：

$$J(\xi) = 2\pi \int_{|\xi|}^{\infty} p \, |\, \chi(p)\, |^2 \mathrm{d}^3 p \qquad (4.16)$$

式中，$\chi(p)$ 是束缚态的初始动量空间波函数，ξ 与传递的动量有关：

$$\xi = \frac{m_e a_B}{\hbar k} \left(\bar{\omega} - \frac{\hbar k^2}{2m_e} \right) \qquad (4.17)$$

其中，k 是散射波矢，ω 是相对初始光子频率的频移，不同类氢波函数的解析形式[37]如下：

$$J_{1s}(\xi) = \frac{8}{3\pi Z_{eff}\left(1 + \dfrac{\xi^2}{Z_{eff}^2}\right)^3} \qquad (4.18)$$

$$J_{2s}(\xi) = \frac{64}{\pi Z_{eff}} \left[\frac{1}{3\left(1 + 4\dfrac{\xi^2}{Z_{eff}^2}\right)^3} - \frac{1}{\left(1 + 4\dfrac{\xi^2}{Z_{eff}^2}\right)^4} + \frac{1}{5\left(1 + 4\dfrac{\xi^2}{Z_{eff}^2}\right)^5} \right]$$

$$(4.19)$$

$$J_{2p}(\xi) = \frac{64}{15\pi Z_{eff}} \left[\frac{\left(1 + 20\dfrac{\xi^2}{Z_{eff}^2}\right)}{\left(1 + 4\dfrac{\xi^2}{Z_{eff}^2}\right)^5} \right] \qquad (4.20)$$

式中，如果 Z 是原子序数，则 Z_{eff} 是有效原子序数，旨在确保 $\xi=0$ 处的曲线与使用 Hartree-Fock 波函数获得的曲线相同，而并非与类氢波函数获得的曲线相同。这个可以用屏蔽常数来计算，并取决于所讨论的轨道和电离级数。其他亚壳层的曲线可在文献[26,37]中找到。在图 4.6(a) 中，我们使用这些近似来绘制从 C^+ 的 2s 和 2p 壳层散射的 4.5 keV 光子的康普顿分布图。正如所看到的，散射显示出足够宽的光谱，应该可以在晶体光谱学实验中测量。垂直线表示我们迫使散射曲线下降到零的位置，这样做的原因是对于较低的能量位移，电子没有从散射光子中吸收足够能量以达到自由态，并且这个过程不会发生。在图 4.6(b) 中，我们对存在离子级混合物的稠密 C 等离子体进行了计算，正如我们所看到的，这个过程很可能是自由电子汤姆逊散射的主导过程，自由电子汤姆

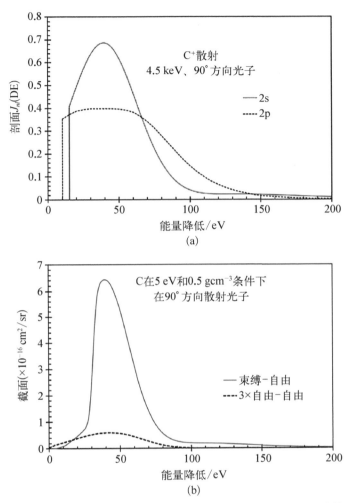

(a)

(b)

图 4.6　单次电离碳的束缚-自由和自由-自由康谱顿散射的计算

（a）用 Bloch - Mendelssohn 曲线[37]计算 4.5 keV 光子 90°散射下单次电离碳的束缚-自由康普顿曲线，这些曲线仅适用于每个壳层中的一个电子；
（b）在 5 eV 和 0.5 g · cm^{-3} 下对温稠密碳样品进行的计算，其中主要存在 C$^+$ 和 C^{2+} 的混合物以及已包含了 5 eV 仪器加宽

逊散射是用随机相移近似计算的，见下面的讨论。同样，我们截断了电离能的曲线，后者包括第 1 章讨论的 Stewart - Pyatt 模型的 IPD 效应。

在图 4.6 中给出的是使用现成的解析计算，它们给出了束缚-自由康普顿分布的剖面图，其中涉及的一些近似值可能不准确。由于在 WDM 的 X 射线散射实验中使用的光子能量往往处于几千电子伏范围内，我们预计能量转移最多可

达几百电子伏,因此评估脉冲近似处理的准确程度非常重要。特别是,如果我们要使用它们来确定 WDM 条件,而不知道温度、密度和电离状态等前提时。

只要给予束缚电子的能量比其束缚能大,脉冲近似就应该有效。这相当于说,我们必须考虑的电子势必在与光子碰撞的开始和结束时是相同的。精度由 $(E_b/E_c)^2$ 给出,其中 E_b 是结合能,E_c 是康普顿散射赋予的能量。对于图 4.6 中的 2s 轨道,如果考虑 IPD,就可以使用屏蔽常数[38]来估计 14 eV 左右的结合能。在康普顿曲线的峰值约为 40 eV 时,脉冲近似值应为 10% 左右。在特定情况下,如何将其转化为测量曲线用于提取参数(例如,从实验数据中提取平均电离)的精度将取决于具体情况,可能需要谨慎对待。Holm 和 Ribberfors[39] 对脉冲近似曲线进行了一阶修正。

Mattern 和 Seidler[40-41]通过参照其对冷样品数据的性能,讨论了用于计算 WDM 束缚自由贡献的近似值的准确性,这些近似值已在文献中给出。他们使用了一种实空间格林函数(RSGF)方法,该方法可以包括邻近离子的影响,即使对于无序系统(如 WDM),该处理方法也是有效的。这些邻近的离子可以散射出光电子,从而导致散射光谱中可能出现调制,这在高分辨率实验中可能会观测到。他们的计算结果与同步加速器实验中的高质量冷样品测量结果一致。他们发现,虽然平面波形因子方法[36]在同类比较中表现不佳,但总体而言,具有截断剖面的脉冲近似法在解释电离势方面效果相当好。然而,这种一致性受到以下因素的影响:对个别的亚壳层,与 RSGF 计算的一致性较差,并且剖面的简单截断是以不完全遵守跃迁求和规则为代价的。总之,尽管 RSGF 相对容易用有效的公式表达,但根据具体情况,需要考虑类氢波函数和脉冲近似的适用性。

3. 自由电子散射贡献

式(4.5)的最后一部分是自由电子汤姆逊散射。与光学汤姆逊散射一样,这可能发生在集体或非集体模式中。文献[42-43]中已经讨论了稠密等离子体和 WDM 中电子特征的几种处理方法。一种简单的方法是使用随机相位近似(RPA),该近似假设不同空间频率(k-矢量)下的各种密度波动基本上是随机的,并且不是非线性耦合的。这种方法在某些情况(碰撞并不重要)下可以给出很好的结果,但在许多情况下,有必要进一步考虑电子-离子碰撞的影响。例如,已经尝试通过使用局部场修正来解释碰撞的影响[44]。基于 RPA 可以把介电函数写成:

$$\varepsilon_{\mathrm{RPA}}(k,\bar{\omega})=1-\nu(k)\chi_{\mathrm{RPA}}(k,\bar{\omega}) \tag{4.21}$$

式中，$\nu(k)=e^2\varepsilon_0k^2$ 是库仑势的傅里叶变换，$\chi_{\mathrm{RPA}}(k,\bar{\omega})$ 是密度响应函数，在 RPA 近似下为

$$\chi_{\mathrm{RPA}}(k,\bar{\omega})=\frac{1}{\hbar}\int_0^\infty\frac{f(\vec{p}+\hbar\vec{k}/2)+f(\vec{p}-\hbar\vec{k}/2)}{\vec{k}\cdot\vec{p}/m_e-\bar{\omega}-i\nu}\cdot\frac{2\mathrm{d}p^3}{(2\pi\hbar)^3} \tag{4.22}$$

通过局部场修正，式(4.22)变为

$$\chi(k,\bar{\omega})=\frac{\chi_{\mathrm{RPA}}(k,\bar{\omega})}{1+G(k,\bar{\omega})\chi_{\mathrm{RPA}}(k,\bar{\omega})\nu(k)} \tag{4.23}$$

一般来说，局部场修正 $G(k,\bar{\omega})$ 的计算非常重要且需要一些近似方法，这些近似方法超出本文所讨论的范围，但在本章引用的文献中进行了讨论。在图 4.7(b)中，展示了一个集体散射数据的示例，在中心弹性散射峰的红移边可以看到等离子体特征。这种非对称性在 X 射线汤姆逊散射区中是非常典型的，并且受细致平衡原理的控制，因此有一个比率：

$$I(\bar{\omega},k)=I(-\bar{\omega},k)\exp\left(-\frac{\hbar\bar{\omega}}{k_{\mathrm{B}}T_e}\right) \tag{4.24}$$

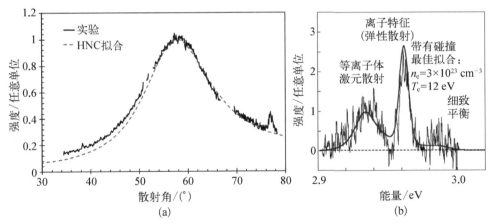

图 4.7　自由电子激光驱动冲击压缩铁的弹性散射谱

(a) 用 LCLS 的 X 射线自由电子激光器的 7 keV 光子拍摄的冲击压缩铁的弹性散射，HNC 拟合基于 11.1 g·cm^{-3} 和 1.5 eV，并使用具有约为 $1/r^4$ 定标率的屏蔽离子-离子势，该离子-离子势用于模拟束缚壳排斥的短程相互作用部分；(b) 使用 2.96 keV 的 ClLy-α 线作为探测，用 Ag 的 L 壳辐射加热 Be 样品，在 40°处获得 X 射线汤姆逊散射光谱，可以看到细致平衡在探测波长蓝色边的抑制等离子体特征方面的效果[45]

在光学汤姆逊散射中，当 $\hbar\omega/k_B T_e \ll 1$ 和指数项非常接近于 1 时，这种不对称性通常是不明显的。在 WDM 中，这种不对称性是明显的，且是一种潜在的温度诊断方法，它不依赖于等离子体激元的阻尼或已知等离子体激元的色散。在经典无碰撞等离子体近似中，对于小散射波矢极限，等离子体激元特征频率由下式给出：

$$\bar{\omega}^2 = \bar{\omega}_p^2 + \frac{3k_B T_e}{m_e}k^2 \tag{4.25}$$

第二项是 Bohm-Gross 项，在该长波极限下，$\hbar k^2/(2m_e\omega) \ll 1$；对于 WDM，由于简并和量子衍射效应，光子能量会更高，必须对其进行修改，正如 Höll 等[46-47]所给出的那样，得到：

$$\bar{\omega}^2 = \bar{\omega}_p^2 + \frac{3k_B T_e}{m_e}k^2(1+0.088n_e\Lambda_e^3)+\left(\frac{\hbar k^2}{2m_e}\right)^2 \tag{4.26}$$

式中，在弱简并 $(\mu/k_B T_e < 1)$ 情况下，该方程中的 $\Lambda_e = h/\sqrt{2\pi m_e k_B T_e}$ 是电子的热德布罗意波长，该项源于电子简并。后一项是 Haas 等[48]讨论的量子位移。对于典型的 WDM 条件，修正的 Bohm-Gross 项和量子位移项都非常重要。想象一个实验，对于 $n_e = 2\times10^{23}$ cm^{-3} 和 $T_e = 10$ eV 的等离子体，在 30° 处散射 3 keV 光子，则可以计算出由于简并效应 Bohm-Gross 项被修正了约 20%，并且这两个项的作用是将等离子体激光的特征峰值从 16.5 eV 的低频极限转移到 21 eV 左右。

4.2.2　一些实验散射数据示例

文献中有许多很好的 X 射线散射数据示例，在此仅给出两个示例，一个是角度分辨数据，另一个是光谱分辨数据。从图 4.7(a)可以看到，LCLS 的 X 射线激光装置在以 7 keV 光子能量运行时，在其极端条件下的材料（MEC）终端站[49-50]处获得的冲击压缩 Fe 归一化散射截面随角度变化的函数[51]。散射直接在无谱色散探测器上探测。然而，X 射线束的光谱宽度小于 1%，因此可以很好地分辨散射波数。由于使用的是 WDM 状态下的中高 Z 材料，散射以式(4.5)中第一项的相干散射为主。

使用超网状链方法[52]对实验数据进行了拟合，利用了考虑束缚电子壳层间短程排斥项的离子间的屏蔽库仑势。如第 1 章所述，此类测量的一个重要作用是,它可以将 WDM 样品的微观结构与体积特性(如热导率、电导率、压缩率和内能)联系起来。如上所述,图 4.7(b)展示了集体模式下等离子体激元特征的 X 射线汤姆逊散射示例,可用于诊断样品密度。除了式(4.24)给出的红色和蓝色等离子体激元的比率外,还对弹性散射与非弹性散射的比率进行了建模[53],并将其用作类似数据的温度诊断。

4.2.3　X 射线散射源

上面讨论的散射信号很小,因为它们是按汤姆逊散射截面约化的,因此 X 射线源必须向靶发射尽可能多的光子,同样收集系统也必须是高效的。这些考虑依赖于我们是观察固定角度下的谱分辨散射还是与角度相关的相干散射。对于前者,可以使用汤姆逊散射 $90°$ 方向散射截面的典型值(约为 $4 \times 10^{-26} \, cm^2 \cdot Sr^{-1}$)进行估计。设想一个 $100 \, \mu m$ 厚的具有电子密度约为 $10^{23} \, cm^{-3}$ 的 WDM 样品,这意味着入射 X 射线被散射的份额为 4×10^{-5}。我们还必须考虑到,由于光谱分辨散射的影响,我们需要选择一个有良好分辨率的窄谱光源。

1. 激光等离子体中的高剥离态离子

在大型激光装置的早期实验中,通常使用激光等离子体发射的类氦和类氢离子的 K 壳层发射线[54]作为散射源。使用哪种材料取决于产生大量光子与需要有足够的光子能量穿透样品且没有大量光子吸收之间的平衡。图 4.8(a)显示了 Ti 的典型 $He - \alpha(1s^2 - 1s2p)$ 线系。可以看到,类锂伴线是线系的一个重要组成部分,但总体能量展宽约为平均光子能量的 1%。在上面已经看到,自由电子特征的宽度可以比这些线更宽,因此实际上仍然期望得到光谱分辨数据。

例如,研究者研究了激光转化为 K 壳层 X 射线的转换效率[54-56]。在一篇早期的经典论文中,Phillion 和 Hailey[54]展示了用 120 ps 脉宽、527 nm 激光脉冲照射的一系列靶的 $He - \alpha$ 线系的实验转换效率。在图 4.8(b)中,可以看到转化效率随原子序数的增加而急剧下降,从 $Cl(Z = 17)$ 的接近 0.5% 下降到 Ni $(Z = 28)$ 的略高于 0.01%。转换效率的变化与 Z 呈指数拟合关系:

$$CE(Z) \approx 1.7 e^{-0.34Z} \tag{4.27}$$

对于 $He - \alpha(1s^2 - 1s2p^1 P)$ 线,光子能量范围从 Cl 的 2.789 keV 到 Ni 的 7.806 keV。通过对数据的指数拟合来估计介于两者之间的材料转换效率。我们应该注意,对于该数据,转换效率优化时的激光强度也随原子序数而变化,强

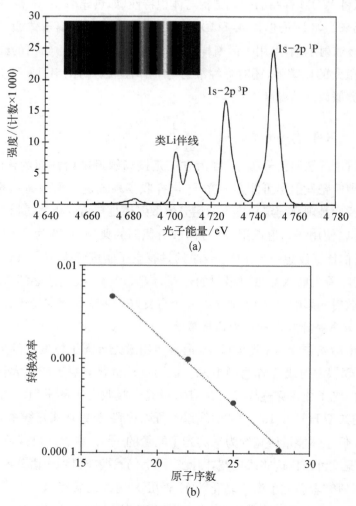

图 4.8　典型的 Ti He‑α 谱与转换效率

（a）Ti 的典型 He‑α 谱，内插图显示了原始 CCD 数据，类锂的伴线意味着光源中的能量展宽约为 50 eV；（b）120 ps、527 nm 激光脉冲转化为 He‑α 线系的转换效率[54]，虚线是数据点的指数拟合

度的范围从对 Cl 的略低于 10^{15} W·cm^{-2} 到对 Ni 的高于 10^{16} W·cm^{-2}。测量 X 射线的脉冲宽度与入射激光脉冲宽度 120 ps 相近。对于许多实验，脉冲足够短，可以提供足够的时间分辨率。使用较长激光脉冲可以改善转换效率[55]，但 X 射线脉冲也较长（见图 4.9），这在许多实验中可能仍然有用[21]。如果有一个大型的激光装置，希望这种脉冲的到靶能量有 100 J 的数量级。在这种情况下，

该范围的元素预计每脉冲产生的光子数为 $10^{13} \sim 10^{15}$。为了达到 0.1 rad 的可用角度分辨率,可以在靶上产生多达 $10^{11} \sim 10^{13}$ 个光子。

通过使用聚焦晶体,可以增强光子的收集。如上所述,具有圆柱形聚焦的 Von - Hamos 型晶体可以很容易地由 HOPG 制成。聚焦几何结构具有 10^{-3} rad 数量级的高积分反射率,典型收集角为 0.1 rad,收集的有效立体角可以达 10^{-4} 数量级球面度。

2. K - α 光源

如果期望获得较短的脉宽,但受限于样品的流体力学时间尺度,可以考虑使用激光等离子体 K - α 源。亚皮秒激光脉冲与固体靶相互作用产生快电子,快电子穿透固体并产生内壳层空位,从而产生 K - α 发射[57]。此类光源中的激光脉宽通常为皮秒或亚皮秒,尽管发射 X 射线的脉宽取决于靶中热电子的动力学行为,且可能长于激光脉冲宽度[58-59]。K - α 光谱是一个相对狭窄的双线特征谱,例如,Cu 的 K - α1 和 K - α2 仅分开 0.38 pm,这是波长的 0.25%。已经有许多实验和理论研究来探索这种光源的效率[58,60]。通常,激光到 K - α 的能量转换效率仅为 $10^{-5} \sim 10^{-4}$ 数量级,对于较高 Z 材料,在填充 K 壳层空位时,尽管由于辐射过程的重要性增加,但效率不会像 He - α 源那样随 Z 增加而急剧下降。低转换率是 X 射线散射实验中的一个缺点,因此,它仅用于有限数量的实验中,在这些实验中,相对较大尺寸的样品提供可观测到的信号[61]。

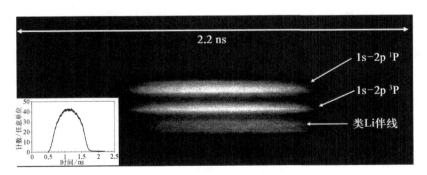

图 4.9　用 1 ns 半高宽光脉冲产生的 Ti He - α 线的 X 射线条纹

3. X 射线自由电子激光源

X 射线自由电子源的出现,加上高功率光学激光器,彻底改变了 WDM 的 X 射线散射。该光源不受与激光等离子体有关的宽带轫致辐射和复合发射背景的影响。此外,脉冲宽度通常小于 100 fs,它提供了极好的时间分辨,允许在实验上探测熔化和平衡等过程。该光源可以在千电子伏范围内调谐到可大可小的任意光子能量。例如,升级后的 LCLS II 装置预计可在 1~25 keV 以上运行,根据所选能量,靶上每 1~50 fs 脉冲的光子数为 10^{11}~10^{13}。这与激光等离子体装置产生的类氢发射的光子产额不相上下,并可以高重频率产生光子。此外,还具有其他一些关键优势,首先,波束带宽通常仅为百分之零点几(LCLS 常为 0.1%~0.3%)。其次,光束在 keV 区的发散度只有几微弧度。此外,尽管可以聚焦到亚微米的光斑,但未聚焦光束的尺寸只有几十个微米,一些实验可能不需要聚焦。

如上所述[33],我们可以通过使用晶体单色仪来降低带宽。典型的布拉格晶体将以 $\Delta E/E \approx 10^{-4}$ 的带宽反射入射辐射。这种变窄是以更高的发次之间能量波动为代价的,因为 X 射线自由电子脉冲的谱通常显示出强烈的散斑特性,这是由许多的纵模在整个带宽内受到发次之间变化的影响导致的。

4.3　X 射线吸收测量

由于 WDM 样品通常对 X 射线是透明的,因此一个关键的诊断方法是吸收光谱法。实验的一个重要关注焦斑是边缘(如 K 边)区域的 X 射线吸收。如第 1 章所述,边缘位置受稠密等离子体环境的影响。简单地说,这种依赖性来自三个因素。第一个是由于 IPD[62] 引起的红移,通过与周围等离子体微电场的相互作用使束缚电子的能级升高。第二项是由于 WDM 物质温度升高和压缩而产生的电离引起的蓝移。最后一项取决于初始和最终条件的简并度和泡利阻塞的变化,可能导致边缘的蓝移或红移。在首次对 WDM 进行诊断的实验中,Bradley 等[63] 测量了 KCl 样品在 6.2 g·cm^{-3} 和 19 eV 状态的频移为 -3.7 eV,预测该下降由 -45.2 eV 的连续下降、47.6 eV 的电离偏移和 -6.2 eV 的简变化组成。这说明了对 WDM 诊断存在一定的挑战性,即实验可以观察到一个小的净偏移,但 IPD 理论或电离估算中相对较小的变化却会对最终结果产生较大的影响。IPD 问题目前是一个重新引起人们关注的领域,因为来自 X 射线激光器和大型激光器的最新实验数据适合哪种模型还存在分歧(见 Crowley[64] 和其他的参考文献)。正如将在下文中看到的那样,边缘的位置不是关注的唯一特征。WDM 中的强耦合引起的短程结构将改变边缘附近 X 射线的吸收。

4.3.1　X 射线近边吸收结构和扩展 X 射线吸收精细结构

对边缘周围光谱区域的细致分析揭示了吸收系数的振荡行为。这些都是由邻近原子喷射出的自由电子的量子力学散射引起的。自由电子的波函数与散射部分的波函数相互作用,从而产生与吸收系数的振荡相对应的振幅振荡。

观察这些特征的技术称为扩展 X 射线吸收精细结构(EXAFS)或 X 射线吸收近边缘结构(XANES),具体选择哪种技术取决于工作区离边缘的距离。这些技术已广泛应用于固态和液态物理学,以探索原子的配位[65-67],但也可用于稠密等离子体和 WDM[68-70],其中结构与离子的微观排列有关。在单次散射情况下,将喷射的电子视为平面波,样品吸收系数的振荡如下:

$$\chi(E) = \sum_i \frac{N_i}{kR_i^2} \mid f_i(k) \mid \sin(2kR_i + \phi_i(k)) \exp(-2\sigma_i^2 k^2) \exp\left(-\frac{2R_i}{\lambda_{sc}}\right)$$

$$(4.28)$$

在该方程中,$\chi(E)$ 是吸收系数的振荡部分,定义如下:

$$\chi(E) = \frac{\mu(E) - \mu_0(E)}{\Delta\mu_0(E)} \qquad (4.29)$$

其中,$\mu_0(E)$ 是孤立原子的吸收系数,$\Delta\mu_0(E)$ 是边缘位置的跃变函数。WDM 样品的吸收系数则取决于半径 R_i 壳层内的离子数 N_i,它还取决于电子散射的振幅和相移,分别由 $f_i(k)$ 和 $\delta(k)$ 表示。σ_i 项表示原子平均位置附近的方差,并包含了有限温度的贡献,类似于晶体衍射中的德拜-沃勒因子。平均自由程 λ_{sc} 取决于光电子的波数 k,在我们感兴趣情况,其值通常为 $5\sim10$ Å,其测定需要考虑包括了非弹性散射和核-空穴寿命的影响,因为电子必须是弹性散射,并在由 X 射线光子、辐射或俄歇衰变产生的核-空穴被填充前到达起始原子。

EXAFS 技术已用于冲击压缩样品以观察距离边缘相对较远的区域(约为 100 eV)。WDM 中 EXAFS 的早期示例[68]如图 4.10 所示,其中来自激光辐照铀靶的宽带 X 射线源用于对冲击压缩 Al 靶进行背光照相,Al 靶夹在两个 CH 层之间。根据离子-离子关联吸收峰的位置和温度推断出密度,模拟温度达到了 1 eV,且对振荡深度具有匀滑效应。这种效应对于远离 K 边的较高能量更为明显,并且通常将该技术的使用限制在 WDM 区域的较低温度端。Torchio 等[71]

使用同步加速器背光源,报道了在 500 GPa、约为 1.5 eV 温度下 Fe 的冲击压缩可测量的 EXAFS 振荡。

　　XANES 技术通常看起来更接近边缘,发射的电子能量较低,来自附近原子的多重散射非常重要。众所周知,在固态物理学中这种技术与 EXAFS 一样,但也已经被应用于 WDM 的诊断[70]。图 4.10(b)给出了 Requiles 和 Mazevet[72] 从第一性原理分子动力学计算结果,该计算显示了当从固态(900 K)变化到熔融相时 Al 的近边缘结构。可以看到温度效应如何消除边缘的结构并使其变宽。从图 4.10 可以清楚地看出,为了最大限度地发挥 XANES 和 EXAFS 的潜力,实验中谱能量分辨率至少应满足 $E/\Delta E > 500$。此外,在感兴趣的区域内获得尽可能平滑的背光光谱的讨论将在 4.3.3 节中展开。

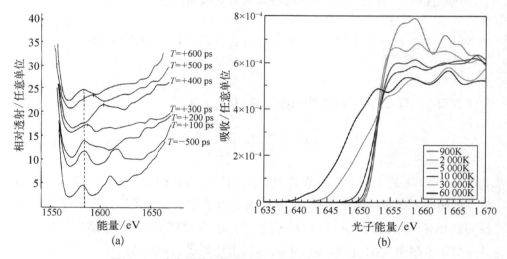

图 4.10　冲击压缩铝靶的 EXAFS 光谱(a)和不同温度下模拟固体密度铝的 XANES 分布(b)[68,72]

　　在许多强冲击压缩的实验中,温度可以达到 10 eV 左右,探测引起的影像细节可能会被消除。因此,焦点通常是在 K 边的位置和宽度上。WDM 的 K 边测量示例如图 4.11 所示,其中用脉宽 200 ps、527 nm、聚焦强度约为 10^{15} W·cm^{-2} 的激光脉冲产生的 Bi 的 M 带光源对含氯化塑料(C-聚对二甲苯)的激光冲击压缩样品进行背光照相。可以看到,与冷靶相比,K 边发生了显著的移动,且对 Bi 小光源进行了展宽,可获得的分辨率为 1.4 eV。注意到,在空间分辨数据中,除了冷边外,还有一些很好识别的 Bi 特征方法,原则上可以用作光谱基准点。然而,必须注意在本实验中,这将导致冷边位置的错误计算。这是因为 Bi 源是一个激光等离子体源,流体力学分析表明,等离子体的大部分发射以几倍于 10^5 m·s^{-1} 的速度迅速膨胀,会导致几千电子伏的光谱红移。

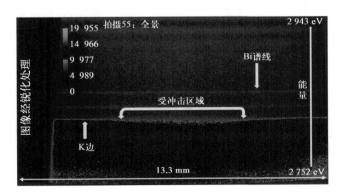

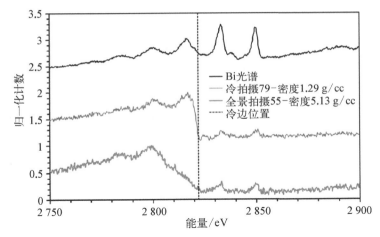

图 4.11　经背景校正的 Cl 的 K 边数据示例(a)和冲击中心的 K 边数据线与冷靶情况比较(b)

(a) 通过冲击压缩氯化塑料样品投射的点光源,允许在一个方向上穿越冲击区域的空间分辨率,配色突出受冲击部分的区域;(b) 对于受冲击的情况,K 边具有明显的可观测频移和展宽,图中标记的冷边位置为 2 822 eV 处

已经有一些尝试将 K 边位移作为冲击压缩函数的建模和测量研究[63,73]。Alkuzee 等[74]修改了 Stewart - Pyatt 模型与 TF 平均原子模型,给出了平均电离度,但其中描述离子径向分布的指数函数被替换为径向分布函数 $g(r)$,该函数是根据 OCP 模型的超网状链解计算得出的。他们将铝冲击压缩到固体密度的两倍,发现边缘的宽度和位移非常一致,位移最大值约为 -5 eV。Zhao 等[75]

发现压缩 KCl 与 Bradley 等[63]基于 IPD 离子球模型的结果具有良好的一致性。值得注意的是,解释 K 边测量的另一个复杂因素是线吸收的作用。在高密度下,轨道可能经历明显的斯塔克展宽,并可能相互合并[76-78]。如 Zhao 等[79]所述,靠近电离边缘的轨道可能会展宽并与连续轨道合并,例如冲击压缩 KCl 中的氯 3p 轨道。这将导致根据 IPD 模型解释边缘位置更加困难。

多年来,计算能力和速度的发展意味着利用第一性原理的分子动力学模拟强冲击中产生的温度处于约为 10 eV 区域物质特性的方法是可行的。Mazevet 等[80]得到了与实验数据吻合良好的计算结果,位移对高达 1 eV 左右温度的依赖性很小,但在更高压缩下位移会急剧增加。第一性原理的分子动力学模拟与更高压缩实验的比较[81]表明,在密度超过两倍固体密度情况,一致性存在差异。

4.3.2　X 射线线吸收

在上面已经注意到,斯塔克展宽可以导致束缚态彼此合并成为连续分布,这可能导致在较低密度下看到尖锐吸收线的消失。例如,在固体铝中,$3s^2$ 和 3p 电子位于导带中,而看不到 1s - 3p 吸收线。随着温稠密铝样品密度的下降,吸收线会出现,谱线的宽度可与斯塔克展宽计算结果进行比较。Lecherbourg 等[82]给出了此类实验的一个例子,他们用脉宽 0.3 ps 脉冲激光照射 Si_3N_4 基底上涂覆的薄铝箔。第二个同步脉冲通过以 10^{15} W · cm^{-2} 强度聚焦在一钐靶上来产生宽带短脉冲的 X 射线源。在加热后,他们用皮秒探测观察到了铝箔在密度约为 0.1 g · cm^{-3}、温度为几千电子伏和强耦合参数 $\Gamma > 10$ 条件下 1s - 2p 和 1s - 3p 的吸收谱线。

假设波函数在边界处为零,可以通过简单求解约束在盒子中原子的薛定谔方程,并改变盒子的大小,以被束缚谱线来估计可能的密度。在图 4.12 中,我们看到了 Al 的计算结果,等于或高于正常固体密度值的 3s 和 3p 轨道的能量预测为正能量。然而,随着盒子尺寸的增加,可以看到 3s 和 3p 轨道具有负能量,因此它们被束缚。对于铝而言,这种束缚发生在密度约为 1 g · cm^{-3} 处。在这种密度下,轨道会显著加宽,这可能使 1s - 3p 跃迁的观测变得困难。然而,在较低密度下,线宽原则上可作为诊断密度的手段;无论是在较低密度还是在较高密度下探测样品,这种方法都可以作为提供某些流体力学建模的一种验证方法。

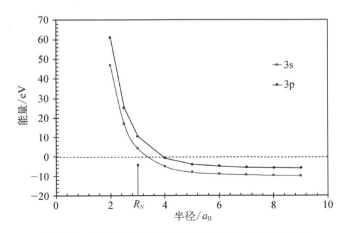

图 4.12　约束在盒子中的铝原子薛定谔方程数值解

点 R_N 表示对固体铝样品中原子的盒子尺寸

4.3.3　X 射线吸收源

任何吸收技术的一个重要考量因素是需要相对平滑的背光光谱。为了测量 WDM 样品吸收系数的波动,能够方便可靠地处理源光谱是必要的。

1. 激光等离子体源

如前所述,激光等离子体的轫致辐射和复合辐射应提供平滑的光谱。然而,为了具有足够亮度的光源,通常激光等离子体源与较高 Z 靶一起使用,以便获取不可分辨跃迁阵形成发射带,这通常使用 M 带的跃迁。第 3 章给出了 Au 的光谱示例,我们看到在 keV 范围内,光谱看起来不是很平滑。然而,在有限的光谱范围内感兴趣的 K 边位移实验和 XANES 测量证明测量光谱可以足够平滑,如图 4.11(b)所示。可以看到,虽然有一些清晰的线条特征,但光谱确实很宽、足够平滑,可以测量 K 边位移和宽度。

对于 EXAFS,我们感兴趣的是更宽的光谱范围,在 Hall 等[68]的开创性工作中,使用了一种更平滑的 N 和 O 带光源,该源使用 U 靶。如图 4.10 所示,可以清楚地看到冲击压缩铝样品中辐射光谱传输过程中的振荡。

2. 电子感应加速器和同步加速辐射源

在过去的十年中,通过激光尾场加速(LWFA)等机制开发紧凑型电子加速器已经有相当多的工作。这项工作的一个重要副产品是研制所谓的电子感应加速器 X 射线源。当电子被俘获在强相对论短脉冲激光气体靶产生的电势中,在

强电场的作用下,电子在激光有质动力的作用下向前加速时会发生摇摆振荡,且电子以如下给定的电子感应加速器频率振荡:

$$\bar{\omega}_\beta = \frac{\bar{\omega}_p}{2\gamma} \tag{4.30}$$

其中,ω_p 是等离子体频率,对于典型的激光尾场加速,电子密度约为 $10^{19}\,\text{cm}^{-3}$,ω_p 约为 $1.8\times10^{14}\,\text{rad}^{-1}$。洛伦兹因子 γ 通常大于 200,且发射波长为

$$\lambda = \frac{\lambda_\beta}{\gamma^2} \tag{4.31}$$

式中,$\lambda_\beta = 2\pi c/\omega_\beta$,这一过程与传统同步加速器技术中使用的摇摆器有些相似。由此产生的强宽带同步辐射在传播方向达到峰值。此过程的一个关键优点是光辐射源大小仅约为微米数量级,因此它可以提供高空间分辨和光谱分辨率且没有显著光源展宽。

激光尾场加速的典型激光参数大致约为 50 fs 的脉宽、800 nm 的波长脉冲和 10 J 能量,用大 f 数聚焦到几倍的 10^{18} W·cm^{-2},由此可以在能量几十千电子伏处产生具有峰值约为 10^9 个光子/脉冲数量级的 X 射线。X 射线具有高度方向性,散度通常小于 100 mrad,峰值亮度为 10^{19} 光子/s/mrad^2/mm^2/0.1%BW 数量级。在图 4.13 中,可以从 Behm 等的实验中看到实际光谱[83-84]。

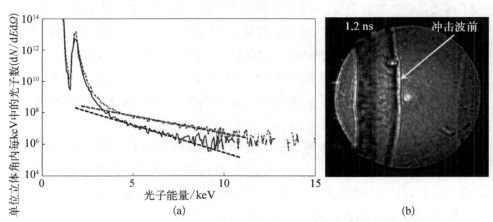

图 4.13 用工作波长为 800 nm、3 J、35 fs 钛宝石激光器产生电子感应加速光谱(a)和用 X
射线自由电子激光器拍摄的冲击波相衬成像(b)[83-84]

对光谱进行了滤波校正,并使用了 CCD 探测器的量子效率,红色和蓝色曲线表示不同的实验条件;
(b) 在此标尺下图像的宽度约为 150 μm

正如我们所见,即使使用单发实验数据,也可以在低至中 Z 元素边缘吸收光谱的范围内产生相对平滑的光谱。Mahieu 等[85]使用这种光源对飞秒光脉冲产生的温稠密 Cu 进行了 X 射线吸收边测量。

我们注意到,Torchio 等[71]的工作是使用同步加速器光源进行的,这在产生 WDM 样品的方法中并不常见,因为需要安装与同步加速器光束同步的高功率脉冲激光器,但最新一代的同步加速器装置能够产生高亮度的 X 射线脉冲,脉宽甚至可以降到飞秒数量级[86]。Torchio 等使用的脉宽约为 100 ps,这为单发测量保持了足够的光子数,对于许多 WDM 实验来说这提供了足够短的非常有用的时间分辨率。

4.4　X 射线相衬成像

上述电子感应加速器辐射源尺寸小且脉宽短,这也意味着它适合于对 WDM 样品进行相衬成像。这是一项不断发展演化的技术,该技术既用于激光等离子体热 X 射线源也用于自由电子激光器,在 WDM 领域中主要被用来观测冲击波波前[84,87]。这项技术基于 X 射线穿过物体时会发生相位变化的原理而设计。X 射线的折射率可以写成:

$$n_r = 1 - \delta + i\beta \tag{4.32}$$

式中,β 表示吸收,δ 是实折射率的变化,对于波长 λ,远离边缘的实折射率可近似为[88]

$$\delta(\lambda) = n_e \frac{r_0 \lambda^2}{2\pi} \tag{4.33}$$

其中,r_0 是经典电子半径。对于 WDM 实验,自由空间辐射传播法是最容易实现的。在这种情况下,一个小型 X 射线源辐照靶,靶位于辐射源和探测器之间。通过折射率的变化,折射的 X 射线投射在像平面上,来自物体不同部分的 X 射线的相位变化导致反射结构的振幅调制,特别是对于陡峭的梯度。相衬成像比 X 射线照相术对密度的微小变化更敏感(X 射线照相术依赖于吸收,对于低 Z 材料吸收较弱)。Endrizzi(见参考文献[88]和其中的参考文献)给出了一定波长和距离下探测器表面强度的表达式:

$$I(Mx, My) = \frac{I_0}{M^2}\left[1 + \frac{R_{od}\lambda}{2\pi M}\nabla_\perp^2 \phi(x, y)\right] \tag{4.34}$$

其中,放大率 $M = R_{so} + R_{od}/R_{so}$,$R_{so}$ 和 R_{od} 分别是辐射源到靶和靶到探测器的距离。该方程假设相物没有任何吸收效应。然而,它确实向我们展示了相位中的强梯度是多么重要,这有助于解释为什么它已成功地应用于冲击波研究。

待成像特征的基准长度必须小于横向相干长度。如果光源和样品之间的距离为 R_0,X 射线的波长为 λ,那么菲涅耳衍射极限下样品中的横向相干长度 l_c 为

$$l_c \approx \frac{R_{0\lambda}}{s} \tag{4.35}$$

其中,s 是辐射源的大小。为了获得 10 μm 的横向相干长度,如果取典型波长为 2 Å,样本到辐射源距离为 20 cm,那么仅需要一个 4 μm 尺寸的辐射源。这种尺寸的 X 射线源很难用激光等离子体产生,可用一维的金属丝靶产生,如文献 [87] 所述。尽管严格的单色光源不是使用该技术的必要条件[89],但不同波长的光源相干长度不同,X 射线光源的带宽将在降低图像对比度方面发挥作用。

对于 X 射线自由电子激光器,在 keV 区光源尺寸通常在 $10\sim 20$ μm 范围内。然而,非常高的准直意味着光束聚焦到 0.1 μm 是可能的[84],允许产生高质量的图像。图 4.13(b) 显示了在金刚石中冲击传播的相衬成像。由于 X 射线自由电子激光能够产生高度单色的光束,可聚焦到非常小的光斑尺寸,该技术可能成为一种更广泛使用的方法。

4.5　X 射线发射光谱

尽管我们在上面已经说过,发射光谱在 WDM 实验中的价值有限,但在某些情况下它是可以使用的。例如,我们上述讨论的,由于回流中的电子更冷、电阻更大,因此可以使用快电子加热来产生固体的体加热。在这个过程中,快电子可以碰撞电离样品的内壳层电子,随后的 K-α 发射是来自一系列电离状态,具体取决于样品中的温度。我们还应该承认,就其性质而言,这种诊断是时间积分,因为只要快电子穿透样品,K-α 发射就会发生。相邻电离级的 K-α 谱线能量

相近,需要 $E/\Delta E > 2\,000$ 的高分辨率光谱。此外,由于在高密度状态下,斯塔克展宽可能会将谱线彼此加宽,因此需要具备细致的建模能力[90]以便提取有关等离子体条件的信息。

　　图 4.14 给出了 Ti 箔样品的此类数据示例。箔在大于 10^{18} W·cm^{-2} 的条件下辐照,随后对类似数据的分析[91]表明,通过共振吸收机制产生的快电子的温度为 $50 \sim 100$ keV。对快电子产生的 K-α 谱的分析表明,电离扩散与高达 20 eV 的背景温度一致。即使使用空间和光谱分辨率晶体,产生的等离子体的小尺寸也使得在不同条件下很难从区域中分离出其贡献。在这种情况下,光谱通过假设来自 20 eV 样品的发射以及来自冷 Ti 的一些贡献得到了最佳拟合。对于较厚的箔,我们可以通过假设信号中越来越多的部分来自较冷的材料来模拟光谱。事实上,"冷"材料的建模是在 1 eV 条件下开展的,与环境温度下 Ti 的预测光谱几乎没有差异。对于 Ti,前五级电离的离子 K-α 谱线之间仅有小于 2 eV 的小能量移动,因此即使在高于 1eV 的温度下,加热的主要作用是填充 K-α$_1$ 和 K-α$_2$ 峰之间的间隙。当温度达到 10 eV 或更高时,我们开始看到波长较短的高阶电离离子的强烈贡献。根据使用的强度、达到的光谱分辨率和所研究的元素,这意味着对靶厚度的实际限制,因为在电阻加热区域以外传输的快电子可能会对光谱产生强冷分量,从而限制其在确定 WDM 温度时的使用。

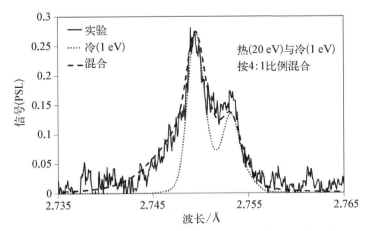

图 4.14　10 μm 箔经亚 ps、1.053 μm 波长、脉冲强度大于 10^{18} W·cm^{-2} 光辐照后的 Ti 的 K-α 光谱[91]

用于记录光谱的图像板上的信号电平,用光受激发射单位(PSU),拟合曲线来自不同假设背景温度下的 SCRAM 程序计算[90]

Chen 等[92]基于这种技术用微米厚度、质量有限的靶产生 WDM，并进行诊断，其中靶中的快电子可以在到达箔边界时形成回流以实现更均匀的加热。通过这种方式，他们用固体密度的 Ti 产生了体温度高达 100 eV，接近固体密度的 WDM，但光谱解读仍然需要细致的建模，因为本实验中，激光与箔相互作用区域中还有一电子温度 T_e＞1 keV 的小热稠密等离子体区域对光谱也有贡献。

在上面的示例中，快电子是样品加热源，这种相对较冷的样品可在 X 射线区域产生辐射，从而可以进行块体材料条件下的探测。另一个使用快电子的例子所处的温度比通常的 WDM 条件略高一点，但由于实验涉及与 WDM 相关的问题，因此值得在此介绍。Hoarty 等[93]使用长脉冲激光对夹在塑料层之间的铝样品进行冲击压缩，密度达到了 10 g·cm^{-3}。在这些条件下，我们不希望有 X 射线发射。然而，他们随后用一个强短脉冲束（二倍频、能量为 100 J 和聚焦强度约为 10^{19} W·cm^{-2}）将样品加热到 500 eV 以上，并产生了铝离子的类氢发射。利用这些谱线的斯塔克展宽来推断密度，这可以与 IPD 引起的系列截断值进行比较，他们的研究发现 Stewart‐Pyatt 模型可以很好地拟合那些实验数据。虽然样品相对较热，且电子略微简并，但假设电子和离子温度相等情况下，离子‐离子耦合参数 $\Gamma \approx 3$，这至少满足 WDM 的一个判断条件。

需要指出的是，对于最后两个示例，诊断本身与 WDM 产生过程密切相关。在第一种情况下，快电子是电阻加热过程和产生内壳层辐射的核心。在第二种情况下，由快电子实现的等离子体加热对于 K 壳层发射诊断来确定 IPD 是非常重要的。这种情况并不少见，在某种程度上，它是我们将本书的章节分成 WDM 的产生和诊断的原因，这只是几种可能的选择之一。

参考文献

[1] Bragg W H and Bragg W L 1913 *Proc. R. Soc. Lond.* A **88** 428‐38

[2] Kestenbaum H L 1973 *Appl. Spectrosc.* **27** 454‐6

[3] Sanchez del Rio M, Gambaccini M, Pareschi G, Taibi A, Tuffanelli A and Freund A 1998 *Proc. SPIE* **3448** 246

[4] Legall H, Stiel H, Arkadiev V and Bjeoumikhov A A 2006 *Opt. Express* **14** 4570‐6

[5] Henke B L, Gullikson E M and Davis J C 1993 *At. Data Nucl. Data Tables* **54** 181‐342

[6] Förster E, Gabel K and Uschmann I 1992 *Rev. Sci. Instrum.* **63** 512‐6

[7] Monot P, Auguste T, Dobosz S, D'Oliveira P, Hulin S, Bougeard M, Faenov A Y, Pikuz T A and Skobelev Y 2002 *Nucl. Instrum. Methods Phys. Res.* A **484** 299‐311

［8］ Rosmej F B, Lisitsa V S, Schott R, Dalimier E, Riley D, Delserieys A, Renner O and Krousky E 2006 *Europhys. Lett.* **76** 815 – 21

［9］ Holst Gerald C and Lomheim Terence S 2011 *CMOS/CCD Sensors and Camera Systems 2nd Edition* (Bellingham, WA: SPIE)

［10］ Kraft R P, Nousek J A, Lumb D H, Burrows D N, Skinner M A and Garmire G P 1995 *Nucl. Instrum. Methods Phys. Res.* A **366** 192 – 202

［11］ Riley D, Woolsey N C, McSherry D, Weaver I, Djaoui A and Nardi E 2000 *Phys. Rev. Lett.* **84** 1704 – 7

［12］ Stoekl C *et al* 2006 *Rev. Sci. Instrum.* **77** 10F506

［13］ Harada T, Teranishi N, Watanabe T, Zhou Q, Bogaerts J and Wang X 2020 *Appl. Phys. Express* **13** 016502

［14］ Koerner L J, Philipp H T, Hromalik M S, Tate M W and Gruner S M 2009 *J. Instrum.* **4** P03001

［15］ Herrmann S *et al* 2013 *Nucl. Instrum. Methods Phys. Res.* A **718** 550 – 3

［16］ Blaj G *et al* 2015 *J. Synchrotron Radiat.* **22** 577 – 83

［17］ Gales S G and Bentley C D 2004 *Rev. Sci. Instrum.* **75** 4001 – 3

［18］ Meadowcroft A L, Bentley C D and Stott E N 2008 *Rev. Sci. Instrum.* **79** 113102

［19］ Fiksel G, Marshall F J, Mileham C and Stoeckl C 2012 *Rev. Sci. Instrum.* **83** 086103

［20］ Nardi E 1991 *Phys. Rev.* A **43** 1977 – 82

［21］ Glenzer S H, Gregori G, Lee R W, Rogers F J, Pollaine S W and Landen O L 2003 *Phys. Rev. Lett.* **90** 175002

［22］ Woolsey N C, Riley D and Nardi E 1998 *Rev. Sci. Instrum.* **69** 418 – 24

［23］ Ma T *et al* 2013 *Phys. Rev. Lett.* **110** 065001

［24］ Glenzer S H and Redmer R 2009 *Rev. Mod. Phys.* **81** 1625

［25］ Gregori G, Glenzer S H, Rozmus W, Lee R W and Landen O L 2003 *Phys. Rev.* E **67** 026412

［26］ Gregori G *et al* 2004 *Phys. Plasmas* **11** 2754

［27］ Glenzer S H *et al* 2010 *High Energy Density Phys.* **6** 1 – 8

［28］ Neumayer P 2010 others *Phys. Rev. Lett.* **105** 075003

［29］ Gregori G *et al* 2008 *Phys. Rev. Lett.* **101** 045003

［30］ Chihara J 1987 *J. Phys. F: Met. Phys.* **17** 295 – 304

［31］ Chihara J 2000 *J. Phys.: Condens. Matter* **12** 231

［32］ Gericke D O, Vorberger J, Wunsch K and Gregori G 2010 *Phys. Rev.* E **81** 065401

［33］ McBride E E *et al* 2018 Rev. *Sci. Instrum.* **89** 10F104

［34］ Mabey P, Richardson S, White T G, Fletcher L B, Glenzer S H, Hartley N J, Vorberger J, Gericke D O and Gregori G 2017 *Nat. Commun.* **8** 14125

［35］ Williams B E 1977 *Compton Scattering* (New York: McGraw-Hill)

［36］ Schumacher M, Smend F and Borchert I 1975 *J. Phys.* B **8** 1428 – 39

［37］ Bloch B J and Mendelsohn L B 1974 *Phys. Rev.* A **9** 129 – 55

［38］ Faussurier G, Blancard C and Renaudin P 2008 *High Energy Density Phys.* **4**

114 - 23

[39] Holm P and Ribberfors R 1989 *Phys. Rev.* A **40** 6251 - 9

[40] Mattern B A, Seidler G T, Kas J J, Pacold J I and Rehr J J 2012 *Phys. Rev.* B **85** 115135

[41] Mattern B A and Seidler G T 2013 *Phys. Plasmas* **20** 022706

[42] Höll A, Redmer R, Ropke G and Reinholz H 2004 *Eur. Phys. J.* D **29** 159 - 62

[43] Redmer R, Reinholz H, Ropke G, Thiele R and Höll A 2005 *IEEE Trans. Plasma Sci.* **33** 77 - 84

[44] Fortmann C, Wierling A and Röpke G 2010 *Phys. Rev.* E **81** 026405

[45] Glenzer S H *et al* 2007 *Phys. Rev. Lett.* **98** 065002

[46] Höll A *et al* 2007 *High Energy Density Phys.* **3** 120 - 30

[47] Thiele R, Bornath T, Fortmann C, Höll A, Redmer R, Reinholz H, Röpke G and Wierling A 2008 *Phys. Rev.* E **71** 026411

[48] Haas F, Manfredi G and Feix M 2000 *Phys. Rev.* E **62** 2763 - 72

[49] Nagler B *et al* 2015 *J. Synchrotron Radiat.* **22** 520

[50] Glenzer S H *et al* 2016 *J. Phys.* B **49** 092001

[51] White S *et al* 2020 *Phys. Rev. Res.* **2** 033366

[52] Wünsch K, Vorberger J and Gericke D O 2009 *Phys. Rev.* E **79** 010201

[53] Fletcher L B *et al* 2015 *Nat. Photon.* **9** 274 - 9

[54] Phillion D W and Hailey C J 1986 *Phys. Rev.* A **34** 4886

[55] Riley D, Woolsey N C, McSherry D, Khattak F Y and Weaver I 2002 *Plasma Sources Sci. Technol.* **11** 484 - 91

[56] Urry M K, Gregori G, Landen O L, Pak A and Glenzer S H 2006 *J. Quant. Spectrosc. and Radiat. Transfer* **99** 636 - 48

[57] Chen H, Soom B, Yaakobi B, Uchida S andMeyerhofer D D 1993 *Phys. Rev. Lett.* **70** 3431 - 4

[58] Salzmann D, Reich C, Uschmann I, Förster E and Gibbon P 2002 *Phys. Rev.* E **65** 036402

[59] Riley D *et al* 2006 *J. Quant. Spectrosc. Radiat. Transfer* **99** 537 - 47

[60] Rousse A, Audebert P, Geindre J P, Fallies F, Gauthier J C, Mysyrowicz A, Grillon G and Antonetti A 1994 *Phys. Rev.* E **50** 2200 - 7

[61] Kritcher A L *et al* 2009 *Phys. Rev. Lett.* **103** 245004

[62] Stewart J C and Pyatt K D 1966 *Astrophys. J.* **144** 1203

[63] Bradley D K, Kilkenny J, Rose S J and Hares J D 1987 *Phys. Rev. Lett.* **59** 2995 - 8

[64] Crowley B J B 2014 *High Energy Density Phys.* **13** 84 - 102

[65] Norman D 1986 *J. Phys. C: Solid State Phys.* **19** 3273

[66] Koningsberger E and Prins D 1987 *X-ray absorption: Principles, Applications, Techniques of EXAFS, SEXAFS and XANES* (New York: Wiley Interscience)

[67] Newville M 2014 *Rev. Mineral. Geochem.* **78** 33 - 74

[68] Hall T A, Djaoui A, Eason R W, Jackson C L, Shiwai B, Rose S J, Cole A and Apte

P 1988 *Phys. Rev. Lett.* **60** 2034 – 7

[69] Gordon F I 1993 *Plasma Phys. Control. Fusion* **35** 1207 – 14

[70] Lévy A *et al* 2009 *Plasma Phys. Control. Fusion* **51** 124021

[71] Torchio R *et al* 2016 *Sci. Rep.* **6** 26402

[72] Recoules V and Mazevet S 2009 *Phys. Rev.* B **80** 064110

[73] Riley D, Willi O, Rose S J and Afshar-Rad T 1989 *Europhys. Lett.* **10** 135 – 40

[74] Al-Kuzee J, Hall T A and Fry H D 1998 *Phys. Rev.* E **57** 7060 – 5

[75] Yang Z *et al* 2013 *Phys. Rev. Lett.* **111** 155003

[76] Salzmann D 1998 *Atomic Physics in Hot Plasmas* (Oxford: Oxford University Press)

[77] Griem H R 1964 *Plasma Spectroscopy* (New York: McGraw-Hill)

[78] Inglis D R and Teller E 1939 *Astrophys. J.* **90** 439

[79] Zhao S, Zhang S, Kang W, Li Z, Zhang P and He X-T 2015 *Phys. Plasmas* **22** 062707

[80] Mazevet S and Zérah G 2008 *Phys. Rev. Lett.* **101** 155001

[81] Benuzzi-Mounaix A *et al* 2011 *Phys. Rev. Lett.* **107** 165006

[82] Lecherbourg L, Renaudin P, Bastiani-Ceccotti S, Geindre J-P, Blancard C, Cossé P, Faussurier G, Shepherd R and Audebert P 2007 *High Energy Density Phys.* **3** 175 – 80

[83] Behm K T *et al* 2016 *Plasma Phys. Control. Fusion* **58** 055012

[84] Schropp A *et al* 2015 *Sci. Rep.* **5** 11089

[85] Mahieu B, Jourdain N, Phuoc K T, Dorchies F, Goddet J-P, Lifschitz A, Renaudin P and Lecherbourg L 2018 *Nat. Comm.* **9** 3276

[86] Schoenlein R W, Chattopadhyay S, Chong H H W, Glover T E, Heimann P A, Shank C V, Zholents A A and Zolotorev M S 2000 *Science* **287** 2237 – 40

[87] Antonelli L *et al* 2019 *Europhys. Lett.* **125** 35002

[88] Endrizzi M 2018 *Nucl. Instrum. Methods Phys. Res.* A **878** 88 – 98

[89] Wilkins S W, Gureyev T E, Gao D, Pogany A and Stevenson A W 1996 *Nature* **384** 335 – 8

[90] Hansen S B *et al* 2005 *Phys. Rev.* E. **72** 036408

[91] Makita M *et al* 2014 *Phys. Plasmas* **21** 023113

[92] Chen S N *et al* 2007 *Phys. Plasmas* **14** 102701

[93] Hoarty D J *et al* 2013 *Phys. Rev. Lett.* **110** 265003

在温稠密物质实验中,电子密度远高于光辐射的临界密度,因此排除了对内部的光学探测,这也意味着光发射光谱学不能用于提供样品内部条件信息。然而,在 WDM 的研究中,已经应用了发射或者探测等几种光辐射技术。对于其中一些技术,我们不得不采取将表面条件与体积特性联系起来的措施。对于其他一些情况,可以使用光学探测来诊断冲击波速度或样品表面的速度,而不用太担心表面条件是否与体积完全匹配。在开始讨论光学诊断技术之前,先简要介绍一下光学条纹相机,它在过去 50 年中一直是等离子体物理中快速光学诊断的主要工具,参见文献[1-2],也是 WDM 研究中的主要工具。

5.1　条纹相机

图 5.1 给出了光学条纹管的基本工作原理。光进入狭缝并通过管窗成像到半透明光电阴极上,光子被吸收并释放出光电子,这些光电子被光电阴极后面的栅极加速,施加的电场为 30 kV/cm。在此之后,通常 10~15 kV 的电势进一步加速电子直到打在荧光体上。管内施加的径向电压充当静电透镜,将来自光电阴极的电子图案成像到荧光体上。在管内的扫描板上施加快速上升的千伏脉冲,意味着狭缝图像在荧光体上扫描。当落在光电阴极上的光脉冲随着时间的推移而上升和下降时,从光电阴极上流出的电子电流也会上升和下降。当电子

打到荧光体上时,它们的动能被转换为光发射,随时间上升和下降的扫描电压被转换为穿过荧光体上升和下降的光发射信号,然后将荧光体的发射信号成像到探测器上。过去盒装胶卷与图像增强器一起使用,但现在最常用的是 CCD 或其他电子相机。

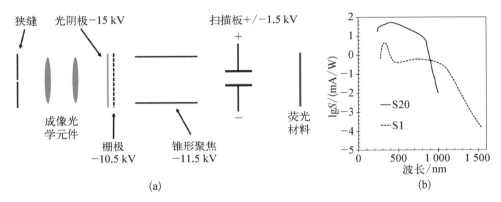

图 5.1 条纹管的简化示意图(a)和条纹管的典型响应曲线(b)

S1 和 S20 是常见的两种类型光电阴极

时间和空间分辨率以及光谱响应均受所用光电阴极材料的影响,该材料必须具有较低的功函数,以允许光学光子从表面去除光电子,它还需要是半透明的,以允许从光源侧面发出的光能够释放面向栅极一侧的光电子。为了防止空间电荷积聚,它们还必须导电。很薄(厚度约为 100 Å)的金属光电阴极对光辐射是半透明的,但其效率较低,通常光电阴极由碱金属混合物组成,并加入薄金属层以防止电荷积聚。例如,S20 阴极(其响应如图 5.1 所示)由 Na - K - Sb - Cs 混合物组成[3],而 S1 阴极为 Ag - O - Cs,块体由 Cs_2O 复合材料中 Ag 颗粒的复合结构制成[4]。与 S20 相比,S1 具有低功函数的优点,允许在近红外下工作,但量子效率较低。

时间分辨率取决于几个因素。首先,从光电阴极射出的光电子在能量上有一小的展宽,这将导致沿管道向下飞行时间的展宽。此外,在较高的信号电平下,存在更大的电荷,空间电荷效应也会导致沿管道向下飞行期间的时间展宽,并限制所记录信号的动态范围[5]。使用快速扫描部件和合适的狭缝很容易获得约 10 ps 或更高的时间分辨率。同样,对于空间分辨率,电光聚焦系统、荧光体和阴极都有贡献。通常如果将分辨率定义为具有对比度为 50% 的条形图成像的能力,则它可实现的分辨率约为 10 线对/毫米。

5.2　光学辐射高温测量法

如果我们回到第 1 章的图 1.1,就可以看到 H 和 Fe 的冲击雨贡纽曲线。显然,当用 Mbar(100 GPa)范围内的压力冲击压缩样品时,很容易产生高达 10^4 K 或更高的温度。这不仅会使样品产生熔化,而且会导致在光学区域产生显著的发射,无论是在透明样品中,还是在不透明样品的后部冲击波出口处。这种冲击发射在许多实验中被作为冲击波到达样品后界面的信号[6-7]。用光学条纹相机测量相对驱动冲击波的发射时间就可以推断出冲击速度。这可以通过比较靶后界面的发射光的出现与冲击驱动光束的时间基准点来实现,如文献[8]中所示。或者,只要驱动强度在足够大的区域上是均匀的,就可以使用台阶靶[9]测量冲击波穿过各个独立台阶的发射时间来实现冲击波速度测量。这种台阶靶技术的优点是,它可以直接测量特定材料中的冲击速度,而不必考虑烧蚀层等引起的延迟。

条纹光发射数据的示例[10]如图 5.2 所示,其中驱动冲击已进入到铍(Be)/金(Au)/石英层状靶中,其中 Be 是低密度烧蚀层,Au 是预热层,数据显示在石英中冲击压力从 300 GPa 衰减至 80 GPa。可以看到来自不同冲击阻抗层的冲击反射效应,当衰减冲击不再强到足以熔化石英时,在大约 120 GPa 时,随着冲击能量进入加热而不是产生熔化相变,发射也会上升。

除了标识冲击卸载时间外,条纹光发射还被用于估算冲击温度,该技术通常被称为条纹光学测温(SOP)。有两种模型可以实现这一点,这两种模型都利用了这样一个原理,即在被压缩的高密度样品中发射本质上几乎是黑体。在第一种方法中,记录了光学区域中发射的光谱形状,并拟合黑体曲线以找到光谱温度 T。使用维恩位移定律,可以看到峰值发射将出现在以下给定的波长处:

$$\lambda_{\max}(\mu m) = \frac{2\ 897}{T} \tag{5.1}$$

其中,T 单位为开尔文。可以看到,对于图 5.1 中所示的条纹相机的光学响应,理想情况下峰值发射在 400~600 nm,因此用维恩位移定律估计温度为

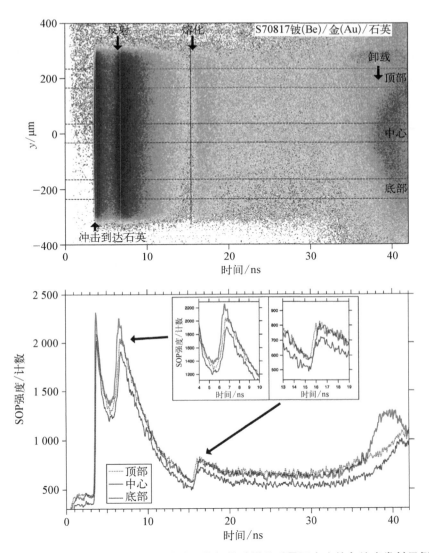

图 5.2　由衰减冲击压缩的石英基片上的辉锑矿样品后界面产生的条纹光发射示例

从光发射的变化中可以看出冲击反射和熔化的影响[10]

5 000 K 或更高。对于较低的温度,不仅峰值发射移向较长波长的红外区域,此区域响应迅速下降,而且对于准黑体,预计发射强度会出现 T^4 的定标关系。因此,SOP 通常用于确定 3 000 K 或更高的冲击温度,参见文献[11]。如前所述,图 5.1 显示了装有 S20 或 S1 光电阴极的光学条纹摄像管的典型光谱响应,S1 阴极具有延伸至近红外的响应。然而,这是以牺牲灵敏度为代价的,在光学区域,灵敏度比多种碱金属的混合 S20 光电阴极低几个数量级。在这两种情况下,系统的较低波长响应通常由所使用的光学材料决定。对于玻璃(例如 BK - 7),较低波长的传输通常在 350 nm 左右被截断,而 MgF$_2$ 光学元件可在远低于 200 nm 时使用,因此在整个实验成像系统中需要选择合适的光学元件。

在没有绝对校准的情况下,也可以获得光谱温度,在该温度下,将光谱形状与给定温度下的黑体辐射谱相匹配,如下所示:

$$I(\lambda) = \frac{2\varepsilon(\lambda)hc^2}{\lambda^5} \frac{1}{e^{\frac{hc}{\lambda_b T}} - 1} \tag{5.2}$$

式中,T 单位用开尔文表示,$I(\lambda)$ 为每单位面积、单位波长、单位立体弧度的辐射功率。黑体在所有波长的发射率 $\varepsilon(\lambda)$ 为 1。当然,为了进行合理的拟合,必须在足够宽的光谱窗口内进行清晰的测量,同时需要了解用于记录数据的系统的相对响应,包括将发射光引入条纹相机的所有光学元件。这可以通过黑体光源(通常用卤钨灯[12])进行测量并将原始输出数据与光源的预期光谱进行比较来实现。尽管发射率远远小于 1,但这种光源可以产生光谱温度为 3 000 K 的接近于黑体的输出。标定通常可以到国家科学技术研究所(NIST)或负责维护此类标准标定的其他国家实验室进行。

有时可以对条纹相机和光学成像系统进行绝对标定,并使用单波长或多波长的绝对发射来确定等效发射温度。例如,文献[13]详细讨论了在 Omega 激光装置上利用上述光学系统实现温度测量的方法。

如果冲击波是在透明介质中传播的,那么可以在冲击波卸载之前测量其发射。在这些情况下,必须了解冲击波前材料的光传输特性。另一个复杂的情况是,冲击波波前对材料的预热会改变其光学特性。对于非透明靶,如金属,我们仅在冲击波离开样品时观察到其光发射。如第 2 章所述,靶的快速卸压会使发射温度的解释变得困难,并且快速变化的不透明度效应将起作用。解决此问题的一种方法是在样品的顶部使用透明窗口,当冲击波到达冲击波传播的界面时发射可见光,不透明样品不能继续卸压。但是,解决卸压问题会导致受压窗口材料的光学特性发生改变,与透明样品一样,预热时会遇到光学特性变化的问题。这是一个重要的问题,因为窗口必须保持透明才能保证传输量是波长的函数。事实上,窗口材料(如熔融石英和石英)的光学特性已经在 250~300 GPa 的压力下进行了探究,LiF 的折射率已经通过斜波压缩到 800 GPa 进行了测量[14]。重要的不仅仅是窗口对压力的反应问题,界面的品质和进入窗口的热传导也是需要考虑的关键因素。例如,Huser 等[15] 研究了从铁向 LiF 窗口卸载高达 600 GPa 的冲击。在这项工作中,他们使用热导率模型来理解冲击横越界面时 LiF 窗口内条件的变化。

值得注意的是冲击样品后界面测量的温度与冲击温度 T_s 不同。当冲击出现在真空或窗口中时,会产生等熵卸载。该卸载状态的温度 T_r 由下式给出:

$$T_r = T_s \exp\left(-\int_{V_0}^{V} \frac{\gamma_G}{V} dV\right) \tag{5.3}$$

与之前一样,式中 γ_G 是密度相关的 Grüneisen 参数。正如 Huser 等所指出的,对于冲击铁卸载到 LiF 中的情况,冲击温度和卸载温度可能有 25% 的差异。

上述光学条纹相机通常非常昂贵,且实际测量中可能不需要低至皮秒级的时间分辨率。其他时间分辨高温计技术也已开发出来,例如,作为近年来提出的离子束 WDM 实验的一部分,已经开发了基于多通道系统的二极管[16],其中用高收集效率的球面或抛物面镜系统收集热发射,并将其耦合到光纤。信号被传输到光谱分析仪中,其中光纤信号被分入六个探测器通道,每个通道的波长介于 500~1 500 nm 范围,通过干涉滤光片选择窄波长范围(约 20~40 nm)。这意味着,当温度在 1 500~6 000 K 之间变化时,应包括黑体发射峰值。值得注意的是,使用聚焦镜装置来收集发射可以避免使用透射光学和色差元件,它们在如此宽的光谱范围内很难处理。这样就实现在相对较小的空间区域收集数据,文献[16]示例的空间分辨率优于 100 μm。

该系统的时间分辨率受探测器特性的限制。对于 500~900 nm 范围内的探测,硅基 PIN 二极管是适用的,而对于更长的波长可以使用 InGaAs 二极管。使用小面积(1 mm²)和适当的偏置(大于 10 V),可以实现 5 ns 的上升时间。使用更高的反向偏置电压,时间分辨率可以更快,并且可以相对容易地达到纳秒数量级,这对于许多情况来说是足够的,例如离子束加热 WDM,其加热时间尺度通常为数十纳秒。

对于一些冲击实验,由于压力状态和材料的不同,光发射可能很弱,并且很难获得发射温度的良好数据,甚至很难获得冲击卸载的准确时间。在这种情况下,可以利用主动探测方法,例如 VISAR 无须测量温度,但的确可以给出冲击卸载和后表面运动的信号特征。

5.3　VISAR 测量

通常与 SOP 一起使用的最重要的冲击诊断装置之一是任意反射面速度干涉测量系统(velocity interferometry system for any reflector，VISAR)，该技术在 20 世纪 70 年代早期就开发出来了[17-18]，它使用探测激光监测表面的速度，例如冲击波卸载的靶后表面，许多主要装置都安装了该测量系统作为标准诊断装置。与早期的干涉测量技术相比，该系统的一个关键优势是它不需要高度抛光的镜面。它有几种不同的可能配置，在文献[19]中可以找到相关的设计细节。

VISAR 通常的实现方式是使用望远式透镜系统，通过分束器将探测激光聚焦到冲击样品的后表面上，理想情况下聚焦为一均匀的焦斑，该焦斑通常大于预期的冲击横向范围。反射光由同一透镜系统收集，并通过分束器直接反射回干涉仪，其布局类似于图 5.3(a)所示。

在一光路中安装标准具的目的是，可以在两光路之间引入时间延迟，同时允许将靶表面成像到两路光束的输出分束器上。这一点很重要，因为这样条纹具有良好的对比度，而不依赖反射光的空间相干性，因此允许使用非镜面反射的靶表面。最初，干涉仪的两光路都可以设置为具有相同长度的路径，而无须使用标准具，这可以使用宽带输入光源观测白光条纹来检查其路径长度。如图 5.3(a)所示，插入标准具后在一路光中引入延时，延时取决于标准具的折射率和厚度 h。为了使输出图像适当重叠，标准具可移动焦点，该光路中的平面镜需要再移动一段距离，以使延迟光路的长度增量为

$$\Delta L = h\left(1 - \frac{1}{n_0}\right) \tag{5.4}$$

其中，n_0 是探测光(波长为 λ_0)的折射率，这些详细的推导和讨论见文献[20]。由该位移和折射率引起的两光路之间的组合时间延迟，由下式给出：

$$\tau = \frac{2h}{c}\left(n_0 - \frac{1}{n_0}\right) \tag{5.5}$$

由于标准具的厚度通常在 2～60 mm，延时为 10～300 ps。因此，尽管探测的空间相干性并不重要，但时间相干性是需要考虑的，并且应大于实验中可能出现的最长延时。如文献[20]所述，对于运动中的反射面，两光路之间的时间延迟意味

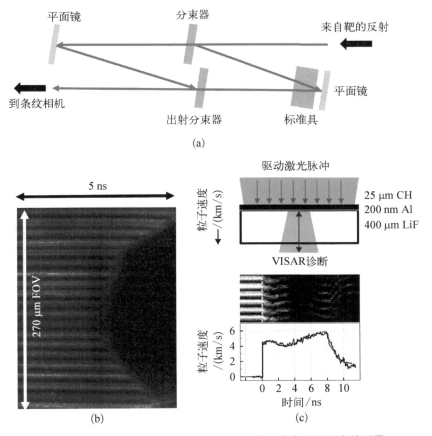

平面镜　　　　分束器　　　　　　　来自靶的反射

到条纹相机

出射分束器　　　　标准具　　　平面镜

(a)

5 ns

270 μm FOV

(b)

驱动激光脉冲

25 μm CH
200 nm Al
400 μm LiF

粒子速度 /(km/s)

VISAR诊断

粒子速度 /(km/s)

时间 /ns

(c)

图 5.3　VISAR 干涉原理与冲击 Al/LiF 界面速度演化历史的测量

(a) VISAR 系统中心的干涉仪示意图;(b) 显示激光冲击铝箔卸载的示例数据,当冲击卸载时,条纹消失,表面形成一个高度吸收的等离子体;(c) 冲击波进入 LiF 窗口的数据,当冲击波通过界面时,可以看到了初始跳跃,随后是 Al/LiF 界面速度的演化

着,探测光被反射时的表面位置对于两光路是不同的,从而在输出端引入相位差。

对于稳定的速度,这是一个正比于速度的常数,实验中我们没有看到任何条纹移动。但是,如果速度在该延迟时间内发生变化,则两光路的多普勒位移波长不同,这将引入相移,从而导致条纹移动。时间延迟的大小限定了确定速度变化的分辨能力。所讨论的多普勒频移通常很小。对于 VISAR,当光源和探测器位于相同的实验室坐标系内时,可通过以下公式得出:

$$\frac{\lambda}{\lambda_0} = \frac{1 - v/c}{1 + v/c} \tag{5.6}$$

一般来说,我们将关注 $v/c \ll 1$ 情况,可以简化为

$$\frac{\lambda}{\lambda_0} \approx 1 - \frac{2v}{c} \tag{5.7}$$

尽管与 c 相比,速度值很小,但该装置对速度非常敏感。可以通过一个例子看到这一点,假设标准具典型厚度为 5 mm,对于波长 532 nm 的探测光,其折射率为 1.46,式(5.5)给出了两光路离开靶表面的反射光之间的时间差近 26 ps。对于稳定速度我们看不到条纹移动。但是,如果速度从零跳到激光驱动冲击物理的典型值,即 10 km·s^{-1},在这个时间内没有标准具的一路光观测的是初始波长,延迟光路看到是多普勒频移的波长。由于固定的时间延迟大约对应于 14 500 个波长,因此我们可以看到在 14 500 个波长中仅需改变一部分的波长,输出的相位改变为 2π 弧度,从而在实验中看到整个条纹的移动。这恰好是假定的 10 km·s^{-1} 冲击速度的波长变化。一般来说,灵敏度通常可以表示为每条纹速度(VPF):

$$\text{VPF} = \frac{\lambda_0}{2\tau(1+\delta)} \tag{5.8}$$

其中,与时间相关的速度 $v(t)$ 可通过将该项乘以给定时间 t 测量的移动条纹数 $N(t)$ 来获得。δ 是对折射率随多普勒频移波长轻微变化的一个小修正[18]。这个项通常远远小于 1,但可使导出的速度相差几个百分点。当反射光被快速透镜收集时,还有其他一些小的修正来处理反射光的角度散射[19-20]。正如我们从式(5.8)中看到的,较厚的标准具更加敏感,需要较小的速度来诱导一个条纹位移。对于石英标准具,2~60 mm 厚度范围对 0.9~25 km/s 的冲击速度敏感。为了获得更高精度的速度测量,如果将灵敏度设置为更高,会产生多于一个条纹位移的风险,这将引起速度的模糊性,因此通常使用两套具有不同条纹灵敏度的系统。一般条纹位移仅有一个值,因此速度与两光路相兼容,就可消除模糊性。

当冲击从样品后部出现时,产生的条纹位移可以被光学条纹相机记录,例如通过将输出分束器成像到光电阴极上,从而提供穿过靶表面上一条线的空间分辨率以及时间分辨率。条纹位移分析可用于提取表面的速度历史。为了获得最佳条纹对比度,两光路靶图像的焦平面应在输出分束器上重叠,实验操作中,靶表面移动到指定位置。对于典型的激光驱动冲击实验,条纹预计在实验过程中

会出现 10 μm 的移动,这通常小于成像系统的焦距深度,并且不会对成像的对比度造成影响。Sweatt[21] 已详细考虑了表面运动的影响。由于光学条纹相机使用狭缝来获得时间分辨率,因此可能只记录穿过条纹图像的一条窄线。在某些情况下,可以使用柱面透镜将条纹图案折叠到狭缝上,从而增强信号电平。

在图 5.3(b)中,我们看到了一个简单不透明靶后界面卸载的示例。后表面迅速卸压,形成低密度等离子体/蒸汽,强烈吸收探测光,进而导致条纹消失,这是主动式冲击卸载(ASBO)诊断的基础,该诊断显示冲击到达后表面的时间,尽管这种类型的诊断可以以更简单的方式进行,无需 VISAR 干涉仪[22],其中反射率的下降是冲击卸载的标示。

图 5.3(b)的数据是使用 100 μm 的焦斑驱动冲击波穿过 25 μm 厚的箔而获得的。视场比冲击区大,可以看到非平面冲击传播对在弯曲卸载线的影响,还可以看到在条纹消失之前条纹移动的证据。这是预热的明显特征,预热可以在冲击卸载之前加热固体,导致后表面运动,后表面保持一个陡峭的密度梯度能够反射探测光。这些数据已被用于测量冲击物理实验中的预热[23],这是一个重要的诊断基准。因为正如我们所讨论的,使用兰金-雨贡纽方程来确定冲击条件是基于知道冲击压缩之前的初始样品条件。

如果使用的冲击样品初始是透明的,那么在足够高的压力下,冲击可将样品转变为具有反射性的金属态,可以通过测量其表面速度获得其冲击波前速度。对于不透明靶,需要等到冲击波从后界面传出。正如在第 2 章中所讨论的,表面的速度由等熵卸载决定。我们也注意到,样品在真空中的膨胀会产生低密度、高吸收的蒸汽,对于这种情况在靶后界面使用窗口是很有用的。在图 5.3(c)的实验中,冲击波通过涂有 Al 的 CH 烧蚀层,形成 VISAR 探测的反射面[24]。冲击波进入 LiF 窗口,当冲击波到达铝层时,可看到条纹的剧烈跳跃。在这种情况下,冲击波并没有导致 LiF 失去透明度,故而我们可以看到在 Al/LiF 界面冲击波速度的演变,这是由穿过界面的粒子速度的连续性条件决定的。为了精确测量冲击速度,使用具有良好表征的台阶靶和窗口靶可以同时测定 u_s 和 u_p,从而使兰金-雨贡纽方程组封闭,可以求解。

在使用透明靶和透明窗口时也会面临一些关键问题。首先,折射率会改变 VISAR 中测得的视速度。如果已知窗口的折射率,可以对视速度进行校正[19-20]。然而,正如我们在上述光学测温的讨论中所指出的,窗口的光学特性在冲击压缩时会发生变化,并且可能会受到冲击压缩前预热的影响。在某些情况下,窗口在压缩时可能从透明电介质变为反射金属状态,因此探头监测的是窗口中的冲击波速度,而不是样品和窗口之间的界面速度。

到目前为止,讨论集中在使用光学条纹相机实现线成像的 VISAR 上,这种相机在一个方向上提供了极好的时间分辨率和空间分辨率,但成本很高,特别是在使用两个通道的情况下。该问题的替代实施方案[25]是通过与透镜耦合的光纤将探测光传送到靶上,在这些设计中,我们并没有获得空间剖面,而是对探测光聚焦的小空间区域进行采样。探测光的反射由透镜收集并馈入光纤。光纤分光器用于创建两个具有不同光纤长度的相对延迟通道。在这种情况下,我们看不到图 5.3 所示的空间干涉图像,但可以看到光强振荡的时间轨迹随干涉仪两个通道的"拍频"的变化情况。故而,这种更廉价系统是以丢失空间分辨剖面为代价的。

5.4 频域干涉测量

在一些 WDM 产生的实验中,如用 X 射线对薄箔进行体积加热或用超短脉冲激光照射的实验,可能产生密度分布非常陡峭的样品。如果密度标长 L 小于光学探测的波长,即

$$\left(\frac{1}{n_{\mathrm{e}}}\frac{\partial n_{\mathrm{e}}}{\partial z}\right)^{-1} = L < \lambda_{\mathrm{probe}} \tag{5.9}$$

我们可以从临界密度面获得良好的镜面反射。在这种情况下,我们考虑用傅里叶频域干涉测量(FDI),这是一种光学诊断技术[26-29],可以测量临界密度面的膨胀速度,反过来,可以将其与模拟进行比较以确认样品在冲击加载下的流体力学行为。

该诊断取决于宽谱的激光脉冲,如啁啾脉冲放大(CPA)激光器[30],将光谱分辨率转换为时间分辨率。与其他一些诊断方法一样,FDI 的实施方式也存在一些变化。图 5.4 给出了早期的实施方式。

在本实施方案[31]中,使用超短脉冲激光(77 fs 脉宽,620 nm 波长)聚焦至 3×10^{15} W·cm^{-2} 一固体铝靶上加热产生 WDM 样品。一个单独的 590 nm、40 fs 激光脉冲被同步以泵浦和产生一个参考脉冲和一个探测脉冲,这是由第二

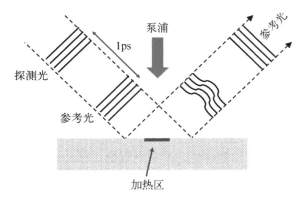

图 5.4　FDI 技术示意图

类似于 Geindre 等使用的[31]，泵浦光束的焦斑约为 $10~\mu m$，而探测光和参考脉冲的直径超过 $40~\mu m$

个单独的脉冲经带有非平衡臂的迈克尔逊型干涉仪来实现的，该干涉仪产生两个共线而又延迟的脉冲，通常为几分之一皮秒到几皮秒。正如我们从图中看到的，如果参考脉冲在泵浦脉冲产生样品之前从表面反射，那么反射波前具有一个均匀的相移，使得脉冲在本质上保持不变。但是探测脉冲受变化条件的影响，相位的贡献通常包括在表面反射时发生的相位跳变，这主要受探测光极化的影响。此外，探测光在表面产生的低密度等离子体中传播，以及由临界密度面运动引起的多普勒频移都会产生相移，这里反射光在临界密度面被反射。

　　从表面反射后，探测光和参考脉冲被成像到光栅光谱仪的输入狭缝上。40 fs 脉冲的光谱宽度约为 30 nm，在分光计内，频率分量之间的光程差意味着两个脉冲在时间上被拉伸重叠，并可能发生干涉以形成条纹图案。实际上，光谱仪是通过傅里叶变换将脉冲从时域转变到频域，因此该技术被称为 FDI。如果分光计的光谱色散由 $S = \partial x / \partial \omega$ 给出，那么条纹的空间频率由 $2\pi S / \Delta t$ 给出，其中 Δt 是脉冲之间的延迟。测量中强度图像作为频率函数由下式给出：

$$I(\bar{\omega}) = I_0(\bar{\omega})\left[1 + R_p + 2\sqrt{R_p}\cos(\bar{\omega}\Delta t + \phi)\right] \tag{5.10}$$

式中，ϕ 是探测光束在反射时的相移，R_p 是相对于探测脉冲初始强度的反射系数。对这种图像进行傅里叶变换可以提取相位和反射系数。在本实验中，我们测量了探测脉冲反射时冷样品和演化等离子体表面之间的相位变化和反射率，这有时被称为绝对模式。然而，我们不能使脉冲之间的时间差任意大，因为这将增加条纹的数量，并且空间分辨率存在实际的限制。我们可以选择另一种模式来展开测量,在这种模式下参考脉冲和探测脉冲都在泵浦脉冲之后入射,并且都对膨胀的临界密度面进行取样。这将监测参考脉冲和探测脉冲之间的相对相位变化,它是由这两个脉冲之间短延迟时间内等离子体的演化引起的,而非泵浦脉冲之后很长时间内演化而产生的,这通常被称为相对模式。

为了防止探测光加热靶,靶上探测光的强度通常小于 10^{12} W · cm^{-2},这也防止探测光的有质动力影响临界密度面的膨胀。为了使该诊断有效,靶表面的光学质量应良好,但通常制造这样的靶并不容易。Shepherd 等[28]在蚀刻硅与添加 Al 和 C 涂层之前,将氮化硅涂覆到光学质量良好的硅衬底上以形成光学平坦的三明治靶。

在 FDI 实施方案中,探测光和参考光束的设计目的不仅是照亮加热区域,还照亮其周围的未加热区域。这意味着,在获取数据时有一组未移位的条纹,这为测量条纹的位移提供了参考。这可能导致该诊断方式的使用范围被限制在实现此类目标的实际实验中。例如,对于辐射加热箔,可能无法将加热样品限制在足够小的区域以给予靶良好的光学平面度。

Benuzzi Mounaix 等[29]采用了 FDI 的另一种测量方式,以探索被激光驱动冲击压缩样品的后表面。在该实验中,探测光和参考脉冲与之前一样都是啁啾脉冲,但它们仅在脉冲宽度 75 ps 的部分压缩状态下使用。脉冲聚焦在样品靶后部,脉冲间隔仅为 10 ps,这确保了良好的时间重叠。当脉冲成像到高分辨率光谱仪时,使用无冲击驱动的零前打靶,在靶表面产生清晰的干涉图。然后,可以对泵浦光进行计时,以便记录参考光和探测光照射期间样品后部发生的冲击波卸载。随着后表面的膨胀和演变,参考光和探测光之间会产生相位改变。

5.5 反射率测量

通过第 1 章我们知道直流电阻率(以及因此产生的直流电导率)与 WDM 的结构因子密切相关,因此该类体积特性的测量有助于推断 WDM 的微观特性。此外,交流导电性与 WDM 的光学特性也相关。对于稠密等离子体,有许多论文涉及等离子体导电性的研究[32-34],对稠密等离子体其简并度和强耦合起关键作用。电导率与等离子体介电函数密切相关,折射率也是如此。这意味着用波长 λ 的激光测量获得的 WDM 样品的反射率,可以用来测试物理模型。

事实上,在 WDM 的早期研究中有一种相对简单的反射率光学诊断测量方法,即从近似平面样品反射短脉冲光学激光。最初,这些是用于测量加热固体表面的脉冲自反射[35-36]。如果样品具有陡峭的密度梯度 L,如式(5.9)中描述那样,那么我们就可以用菲涅耳方程,以及对 S 偏振和 P 偏振光的反射系数测量,导出电导率的值。在样品和真空界面是陡峭密度梯度的极限下,对正入射,反射率由下式给出:

$$R = \left| \frac{\sqrt{\varepsilon(\bar{\omega})} - 1}{\sqrt{\varepsilon(\bar{\omega})} + 1} \right|^2 \tag{5.11}$$

式中,复介电常数与复折射率相关,可表示为 $n(\bar{\omega}) = \sqrt{\varepsilon(\bar{\omega})}$,复介电常数与电导率 $\sigma(\omega)$ 的关系可表示为

$$\varepsilon(\bar{\omega}) = 1 + \left| \frac{4\pi i \sigma(\bar{\omega})}{\bar{\omega}} \right| \tag{5.12}$$

对于不考虑原子而只考虑自由电子贡献的交流电导,可以通过 Boltzmann-Drude 方程获得:

$$\sigma(\bar{\omega}) = \left(\frac{n_e e^2}{m_e} \right) \left\langle \frac{\tau}{1 - i\bar{\omega}\tau} \right\rangle \tag{5.13}$$

式中,τ 是与能量相关的电子-离子碰撞时间,它取决于样品的简并度和温度[35],在上述情况下,τ 已对包括简并效应的电子分布取热平均值。在许多情况下,我们有样品膨胀的标度长度。在这种情况下,当激光在具有密度梯度的物质中传播时,通常使用波解算器模拟来寻找方程的解:

$$\frac{d^2 E_x}{dx^2} + \frac{\bar{\omega}^2}{c^2} [\varepsilon(\bar{\omega}) - \sin^2\theta] E_x = 0 \tag{5.14}$$

对于 S 偏振光,电场始终垂直于密度梯度。对于 P 偏振光,可以使用方程:

$$\frac{d^2 B_x}{dx^2} + \frac{\bar{\omega}^2}{c^2} [\varepsilon(\bar{\omega}) - \sin^2\theta] B_x - \frac{1}{\varepsilon(\bar{\omega})} \frac{d\varepsilon(\bar{\omega})}{dx} \frac{dB_x}{dx} = 0 \tag{5.15}$$

其中,B 场垂直于密度梯度。在这两种情况下,假设激光以与靶法线成 θ 角(该角度由方向 z 给出)入射到 yz 平面上。原则上,z 方向上会有个梯度变化,如果有一个跨越相关参数空间的电导率模型,就可以通过对这些方程的数值求解给出反射率的值。

这类实验的一个重要要求是,在探测激光到达样品的 WDM 区域之前,不应有明显的低密等离子体。探测光在低密度等离子体中的吸收和在等离子体临界密度面的反射都将掩盖相关数据。正是由于这个原因,这种类型的诊断主要集中在超快速加热和探测实验。

在早期 Price 等[35]的实验中,激光脉冲既用于产生 WDM 样品,也用作为 WDM 反射率的测量探测光。这些超短脉冲的时间尺度约为 100 fs,进而限制了表面运动和低密度等离子体的发展。然而,在这类实验中,需要通过时间平均来比较理论和实验结果,这可以通过使用 LASNEX 流体力学程序来完成,其中电子-离子碰撞时间使用 Lee‐More 模型计算[32]。模拟数据在很宽的入射强度范围内与实验结果吻合良好。在后来的实验中,使用了等容加热薄箔,如文献[37]所示。薄箔是只有 100 Å 厚的铝或金,利用超短脉冲(时间尺度小于 100 fs)激光辐照,对箔材产生相对均匀的加热。这是可能实现的,因为被加热电子的射程大约等于或大于箔的厚度。

光辐射实验中测得的电导率为激光频率下的交流电导率。为了充分理解 WDM 的特性,自然希望将此类测量扩展到较低的频率,理想情况下扩展到直流电导率。基于简单的德鲁德电导率模型,交流和直流电导率之间的关系是:

$$\sigma(\bar{\omega}) = \frac{\sigma_{dc}}{1 - i\bar{\omega}\tau} \tag{5.16}$$

对于金属,τ 的值预计为 10~100 fs。典型地,对于波长 800 nm 的钛宝石短脉冲激光器,满足 $\omega\tau \gg 1$。因此,为了获得直流电导率,必须使用更低的频率。最近的实验已经扩展到红外甚至太赫兹区[38]。太赫兹频率范围通常定义为 10^{11}~10^{13} Hz(0.03~3 mm 波长)。产生太赫兹辐射的方法有几种,但对于强短脉冲,常用的方法是利用光整流方法。在这种技术中,一种强短脉冲(时间尺度约为 100 fs)激光聚焦在适宜的晶体上[39],例如碲化锌(ZnTe),其厚度约为毫米数量级[40]。这类晶体中的电子位于不对称势阱中,因此当受到激光振荡电场的作用时,会产生准直流极化。这种超短激光脉冲具有宽频带,会导致一个极化拍频,从而在太赫兹区域产生强发射。通常太赫兹脉冲的脉宽在亚皮秒数量级,其谱宽度与激光的脉宽成反比,并且太赫兹脉冲峰值频率取决于光波长。对于 ZnTe,在 0.5~3 THz 范围内的效率最高。这意味着在上面给出的碰撞时间范围,我们可以进入 $\omega\tau < 1$ 的区域。

　　由于 WDM 样品往往很小,因此需要将太赫兹辐射聚焦到一个小斑点。令人高兴的是,太赫兹光谱不仅是测量晶体性质的一项重要技术,也可作为化学和生物学中的非电离探测,因此目前已有合适的太赫兹光学器件。它们往往是金属反射光学元件,因为虽然通过塑料透镜(如聚四氟乙烯)聚焦是可能的,但采用塑料往往具有高的吸收和色散。反射光学元件通常采用离轴抛物面反射器的形式。此类光学元件还可用于收集激光晶体源的辐射,并在其聚焦(焦斑为 1 mm)到 WDM 样品上之前将其准直以便传输,如图 5.5 所示。

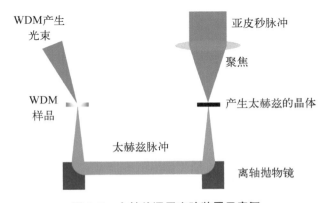

图 5.5　太赫兹通用实验装置示意图

将短脉冲激光器分成两路,一路光驱动太赫兹晶体,另一路光驱动 WDM 样品,通过观察太赫兹脉冲在振幅和相位上的变化,使用透射或反射太赫兹脉冲的电光取样来分析样品的特性

　　反射或透射的太赫兹辐射也可以通过此类光学装置收集,并通过电光取样技术进行探测[41-42]。在该技术中,短脉冲激光与太赫兹脉冲在一电光晶体中共同传播,例如,该电光晶体可以与产生太赫兹的晶体相同。太赫兹脉冲通过普克尔(Pockels)效应引起双折射,从而导致线偏振光脉冲的旋转。使用四分之一波片和沃拉斯顿(Wollaston)棱镜分析偏振,只要旋转角度保持在 90° 以下就可以确定太赫兹脉冲的强度。Ofori‑Okai 等[38]通过使用阶梯光栅将光脉冲(从驱动 THz 源和 WDM 样品的主脉冲中提取)分成许多时间延迟部分,从而能够对 WDM 样品进行单次反射率测量。

参考文献

［1］　Bradley D J, Liddy B, Sibbett W and Sleat W E 1971 *Appl. Phys. Lett.* **20** 219‑21
［2］　McLean E A 1967 *Appl. Opt.* **6** 2120

[3] Townsend P D 2003 *Contemp. Phys.* **44** 17 - 34

[4] Gex F, Alexandre R, Horville D, Cavailler C, Fleurot N, Nail M, Mazataud D and Mazataud E 1983 *Rev. Sci. Instrum.* **54** 161 - 4

[5] Niu H and Sibbet W 1981 *Rev. Sci. Instrum.* **52** 1830 - 6

[6] Burnett H H, Josin G, Ahlborn B and Evans R 1981 *Appl. Phys. Lett.* **38** 226

[7] Cottet F, Romain J, Fabbro R and Faral B 1984 *Phys. Rev. Lett.* **52** 1884

[8] Cauble R, Phillion D W, Hoover T J, Holmes N C, Kilkenny J D and Lee R W 1993 *Phys. Rev. Lett.* **70** 2102

[9] Coe S E, Willi O, Afshar-Rad T and Rose S J 1988 *Appl. Phys. Lett.* **53** 2383

[10] Millot M 2016 *Phys. Plasmas* **23** 014503

[11] Hicks D G, Boehly T R, Eggert J H, Miller J E, Celliers P M and Collins G W 2006 *Phys. Rev. Lett.* **97** 025502

[12] Zhiyu H *et al* 2019 *High Power Laser Sci. Eng.* **7** e49

[13] Miller J E *et al* 2007 *Rev. Sci. Instrum.* **78** 034903

[14] Fratanduono D E *et al* 2011 *J. Appl. Phys.* **109** 123521

[15] Huser G, Koenig M, Benuzzi-Mounaix A, Henry E, Vinci T, Faral B, Tomasini M, Telaro B and Batani D 2005 *Phys. Plasmas* **12** 060701

[16] Ni P A *et al* 2008 *Laser Part. Beams* **26** 583 - 9

[17] Barker L M 1972 *Exp. Mech.* **12** 209 - 15

[18] Barker L M and Schuler K W 1974 *J. Appl. Phys.* **45** 4789

[19] Celliers P M, Celliers P M, Bradley D K, Collins G W, Hicks D G, Boehly T R and Armstrong W J 2004 *Rev. Sci. Instrum.* **75** 4916

[20] Dolan Daniel H 2006 Foundations of VISAR Analysis *Sandia Report* SAND2006 - 1950

[21] Sweatt William C 1992 *Rev. Sci. Instrum.* **63** 2945 - 9

[22] Ng A, Parfeniuk D, Celliers P, DaSilva L, More R M and Lee Y T 1986 *Phys. Rev. Lett.* **57** 1595 - 8

[23] Shu H, Fu S, Huang X, Wu J, Xie Z, Zhang F, Ye J, Jia G and Zhou H 2014 *Phys. Plasmas* **21** 082708

[24] Brennan Brown S *et al* 2017 *Rev. Sci. Instrum.* **88** 105113

[25] Levind L, Tzach D and Shamir J 1996 *Rev. Sci. Instrum.* **67** 1434 - 7

[26] Tokunaga E, Terasaki A and Kobayashi T 1992 *Opt. Lett.* **17** 1131 - 3

[27] Blanc P, Audebert P, Falliés F, Geindre J P, Gauthier J C, Dos Santos A, Mysyrowicz A and Antonetti A 1996 *J. Opt. Soc. Am.* B **13** 118 - 24

[28] Shepherd R *et al* 2001 *J. Quant. Spectrosc. Radiat. Transfer* **71** 711 - 9

[29] Benuzzi-Mounaix A, Koenig M, Boudenne J M, Hall T A, Batani D, Scianitti F, Masini A and Di Santo D 1999 *Phys. Rev.* E **60** R2488 - 91

[30] Strickland D and Mourou G 1985 *Opt. Commun.* **56** 3205 - 8

[31] Geindre J P 1994 *Opt. Lett.* **19** 1997 - 9

[32] Lee Y T and More R M 1984 *Phys. Fluids* **27** 1273 - 86

［33］ Dharma-Wardana M W C 2006 *Phys. Rev.* E **73** 036401

［34］ Wierling A, Millat T, Redmer R, Reinholz H and Röpke G 2001 *Contrib. Plasma Phys.* **41** 263 - 6

［35］ Price D F, More R M, Walling R S, Guethlein G, Shepherd R L, Stewart R E and White W E 1985 *Phys. Rev. Lett.* **75** 252 - 5

［36］ More R, Yoneda H and Morikami H 2006 *J. Quant. Spectrosc. Radiat. Transfer* **99** 409 - 24

［37］ Forsman A, Ng A, Chiu G and More R M 1998 *Phys. Rev.* E **58** R1248

［38］ Ofori-Okai B K, Descamps A, Lu J, Seipp L E, Weinmann A, Glenzer S H and Chen Z 2018 *Rev. Sci. Instrum.* **89** 10D109

［39］ Hangyo M, Tani M and Nagashima T 2005 *J. Infrared. Millim. Terahertz. Waves* **26** 1661 - 90

［40］ Venkatesh M, Rao K S and Chaudhary A K 2015 *AIP Conf. Proc.* **1670** 020005

［41］ Wu Q and Zhang X C 1995 *App. Phys. Lett.* **67** 3523 - 5

［42］ Ibrahim A, Férachou D, Sharma G, Singh K, Kirouac-Turmel M and Ozaki T 2016 *Sci. Rep.* **6** 23107

第 6 章　研究温稠密物质的装置

6.1　引言

在这简短的一章中,我们将概述一些用于 WDM 研究的重要装置。由于第 1 章所述的样品尺寸因素,这些装置通常是国家实验室中才有的大型设施,建造这些设施是一项重大任务,通常涉及数十名甚至数百名科学家、工程师和其他工作人员,当然还有大量经费投入。人们通常希望将各种装置结合起来,例如大型脉冲激光器正与 X 射线自由电子激光器和离子束装置结合起来,以便可以在实验中进行灵活使用。

6.2　激光装置

本书中讨论的方法包括使用激光器作为 X 射线源或作为强冲击的驱动器。如前所述,通常需要每个脉冲传送 100 J 或以上的大型装置。对于纳秒脉冲,激光介质的选择通常是钕玻璃。对于磷酸盐玻璃,激光波长约为 1.054 μm,在多数大型装置中激光的频率倍频至 527 nm 或三倍频至 351 nm[1-2]。这可以在效率超过 50% 的情况下完成,并在激光吸收[3]与缩小激光等离子体不稳定性方面具有显著优势,从而在给定辐照度下产生更好的压力和 X 射线。使用四倍的激光频率需要能够在紫外线下传输的聚焦光学元件,如高质量的熔融石英或石英。

由紫外线光子造成的损伤累积是一个需要解决的问题,因此主激光驱动器通常不使用四倍频。激光工作原理的细节可以在许多书籍中看到,例如文献[4-5]给出了很详细的介绍。在这里,我们将集中精力为研究人员提供一个典型激光器的总体看法,为使用大型装置但不是激光操作员的人提供帮助。

1. 长脉冲激光

大量的 WDM 实验,如冲击压缩和 X 射线体积加热,正在研究典型的纳秒长脉冲激光器。过去这些激光都是由 Q 开关振荡器产生的,其种子光是单一纵模[6]。产生的脉冲可以是 10~50 ns 数量级,然后用普克尔盒将脉宽截断至有高的对比度(约为 10^8)的亚纳秒数量级,脉冲的形状由隔离器的上升时间和高能放大器的损耗决定,脉冲的上升时间通常比下降时间短。

最近更新的技术被用来控制传递脉冲的形状,这在设计脉冲以驱动持续冲击,或在设计斜波压缩以减少加热和探索非雨贡纽状态时是很重要的。对于这种整形脉冲,激光系统的起点(或前端)可以是一个光纤调制的任意波形发生器,该发生器产生一个时间整形的脉冲,该脉冲馈入级联放大器。例如,在国家点火装置(NIF)[7]中,使用二极管激光器泵浦光纤激光器以产生所需波长的连续光束,使用声光光束斩波器将其斩为 100 ns 的脉冲,通过进一步光纤放大后,再斩为 45 ns 的方形光脉冲,然后该脉冲穿过铌酸锂电光调制器。通过该调制器的光强度响应电输入而变化。通过产生宽度为 300 ps、间隔为 250 ps 的 140 个独立的高斯整形电脉冲序列,可以生成所需的任意波形。卢瑟福·阿普尔顿实验室中央激光装置[8]中的 VULCAN 激光器也是类似的系统,使用了宽度为 200 ps、间隔为 100 ps 的 300 个脉冲序列。任意脉冲的形状并不完全是最终的期望形状,尽管考虑了诸如产生激光过程中存在放大器损耗的时间效应等。NIF 有 48 束单独定义的脉冲,根据实验需要,每个 Quad(4 束光)都可以输出自己特有的脉冲形状。

整形后的种子光脉冲,能量通常在 nJ 左右,然后被扩大并馈入级联放大器。通常,第一级是棒状放大器,直径通常在 9 mm 左右。放大后的光束被进一步扩大,然后被馈入分阶段的棒状放大器内,其直径可达 60 mm 左右,这样可以在不超过放大器玻璃损伤阈值的情况下获得高能量。然而,由于某些原因,可使用的棒状放大器的直径存在实际限制。首先,产生必要粒子数反转的闪光灯或二极管泵浦需要到达棒的中心,并且该过程中存在吸收,这对于大于 60 mm 的棒是难以保证均匀性的。其次,特别对于使用闪光灯泵浦,棒会吸收大量的热量,在进行新的打靶前使其散热是非常重要的。这是因为玻璃的折射率与温度有关,不均匀的温度分布会起到透镜的作用,使光束自聚焦并损坏棒。对于棒状放大器而言,棒直径越大,时间尺度就越长,对于最大直径的棒,两次打靶之间的时间间隔开始达到半小时。解决这个问题的一个重要方法是使用盘式放大器。在VULCAN 激光器中,这些放大介质盘的直径可达 20 cm,角度为布鲁斯特角。圆盘有几厘米厚,因此可以通过鼓风机实现冷却。使用这种放大器可以产生能量几百焦耳、脉冲长度约为纳秒数量级的脉冲。打靶率部分取决于放大介质的冷却,对于千焦级激光器,打靶率可以在 20 min 左右,但对于较大的激光装置,打靶率可能更长,NIF 通常每天打靶 1~2 发。

近年来,二极管泵浦技术得到了发展,这种技术可以产生与泵浦激光介质的光谱更加匹配的光学二极管发射。这意味着泵浦效率更高,伴随的加热更少,并且可以实现更快的打靶速率。将 DiPOLE 二极管泵浦激光器[9]耦合到汉堡XFEL 设施上,预计将以 10 Hz 的重复率产生纳秒脉宽、100 J 的二次谐波脉冲。这无疑有足够的能量在相对较大的焦斑上驱动一个强的冲击。

2. 短脉冲

如果要做关于快电子或质子加热或宽带电子感应加速器源的实验,通常会使用啁啾脉冲放大激光器。更高能量的级联放大器与长脉冲激光器类似,不同之处在于放大器前端和后端增加了一对脉冲压缩光栅。CPA 激光系统通常从锁模振荡器开始,该振荡器通常以数十兆赫兹的重复率产生亚皮秒脉冲序列。这可能产生约为 100 fs 脉宽和纳焦数量级能量的脉冲。将这种脉冲放大到高能将会遇到激光材料中光束的非线性聚焦问题。针对这一问题,Strickland 和 Mourou 发展了有限宽度波长窄脉冲的展宽技术[10]。这是通过一对反平行的光栅来实现的,因为脉冲的路径长度几乎线性地依赖于波长,即更长的波长在脉冲中出现得更早(称为正啁啾)。这意味着从展宽器出来的脉冲可以展宽到几百皮秒。现在脉冲可以被放大到更高的能量,几个激光器已经获得了每脉冲 100 J 以上的能量[11]。放大后,一对平行光栅可以通过提供负啁啾来重新压缩脉冲。低入射角的光栅意味着通量低于损伤阈值。然而,这也意味着光栅必须具有大尺度和高光学质量,因此价格昂贵。在 NIF 中,先进的激光射线照相能力(ARC)利用 192 条光束线中的两个 Quad(4 束光)来提供脉宽为 1~50 ps、总能量最高可达约为 10 kJ[12-13]的 CPA 脉冲。在撰写本书时,有些地方正在建造的激光兆焦装置(LMJ/Petal)输出了 kJ 能量的短脉冲[14]。在表 6.1 中,列出了部分大型激光器的一些参数,这些装置通常可在全球范围内使用[8,15-21]。其中一些正在进行升级,参数可能会更改,但该表提供了可用的信息。正如我们所见,在同一装置中提供长脉冲和短脉冲是常见的,并可以开展泵浦-探测型实验。

表 6.1　主光束的一些近似参数

激光器名称	长脉冲光束数	长脉冲脉宽	长脉冲能量	短脉冲脉宽	短脉冲能量
Vulcan[8]	6	0.5~5 ns	1 kJ(2ω)	2×1 ps	100 J(1ω)
Omega[15]	60	0.5~20 ns	40 kJ(3ω)	2×1 ps	1 kJ
NIF[16-17]	192	0.5~20 ns	1.8 MJ(3ω)	8×1~8×50 ps	10 kJ
LULI 2000[18]	2	1~15 ns	1 kJ(1ω)	1×1 ps	100 J
PHELIX[19]	2	0.7~10 ns	1 kJ(1ω)	1×0.5~1×20 ps	200 J
Gekko XII[20]	12	1~10 ns	6 kJ(2ω)	1×1.5 ps	2 kJ
Shenguan II[21]	8	1 ns	3 kJ(3ω)	1×1.5 ps	2 kJ

在所选择的一些大型激光器中,有些参考文献出处并不详尽,长脉冲装置(LP)多年来经常进行升级,例如,所有激光器却具有整形脉冲。

6.3　X 射线自由电子激光装置

自由电子激光器(FEL)的发展可能性在 20 世纪 60 年代被提及,并在随后的几十年中被实验证实(见 Feldhaus 等文献[22])。在 21 世纪,在 XUV 和 X 射线模式下运行的装置已经上线[23-24]。自 2009 年以来,LCLS 设施提供了硬 X 射线波段(波长为 1.5 Å)的激光,该装置对 WDM 科学做出了重大贡献,特别是 X 射线散射被用作诊断的实验中,并且光束的窄准直、短脉宽与光束的带宽更彰显出其巨大的优势。

它是基于高度相对论性的电子束通过波荡器能够产生交变磁场的工作原理而设计出来的。如图 6.1 所示,它由两个平行的交变磁极的磁铁线性阵列组成。当电子在磁场中振荡时,它们会发出同步辐射。对于如自由电子激光中使用的长波荡器,电磁辐射与电子束的相互作用会导致电子聚束。事实上,LCLS 的波荡器由 33 个独立部分组成,每个部分的长度为 3.4 m,波荡器大厅的长度为 170 m。

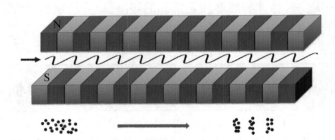

图 6.1 波荡器工作原理示意图

电子在交变磁场中振荡并发出辐射,最初电子不是聚束的,而是在波荡器的共振波长处发射非相干辐射,当它们与辐射场相互作用时,它们聚集在一起并开始相干发射

这种聚束意味着发射具有更高的相干度,产生的峰值亮度通常超过 10^{32} ph/s/mm²/mr²/0.1％BW,这比同步加速器的峰值亮度高了约 10 个数量级。亮度的单位清楚地表明,这种光束不仅具有短脉冲和高能量,而且具有非常窄的谱宽度且高度准直,它是自放大自发发射(SASE)模式产生的。利用磁铁产生双急弯道,电子束绕过布拉格晶体,可以产生一个自种子脉冲。X 射线脉冲光谱因衍射而变窄,并在弯折后重新注入电子束团,注入种子激光后产生 0.01％带宽的脉冲。

自由电子激光器的波长由电子束团与电磁场之间能量交换的最佳波长决定。对于能量为 E_e 的电子,由下式给出:

$$\lambda_{\mathrm{TF}} = \frac{\lambda_u}{2n\gamma}\left(1 + \frac{K^2}{2}\right) \tag{6.1}$$

这里,

$$\gamma_{\mathrm{TF}} = \frac{E_e}{m_0 c^2} \tag{6.2}$$

其中,λ_u 是波荡器周期,K 是无量纲波荡器参数,其与磁场和波荡器周期成正比,典型值在 1 到 5 之间变化。奇次谐波对应于 $n=1$、3、5 等的发射。谐波强度要弱很多,三次谐波强度约为基模的 1％。例如,在 FLASH 超紫外自由电子激光(XUV‐FEL)中,也能观察到三次和五次谐波[24]。在撰写本书时,斯坦福

LCLS 的 X 射线自由电子激光装置的电子束由斯坦福约为 1 km 长直线加速器 (LINAC)提供,加速能量为 16.5 GeV,对应的 $\gamma \approx 3 \times 10^4$。波荡器周期只有几厘米,可以看到在该装置上实现埃数量级的共振波长是可能的。

聚束电子束的脉冲周期为 100 fs,软 X 射线和硬 X 射线波荡器可分别在 0.2~5 keV 和 1~25 keV 工作。在 SASE 模式下,依据所需能量的不同带宽在 0.1% 和 0.2% 之间变化,在 10~20 μm 的光束中,每束团光子数>10^{12} 个。在微米弧度范围内拥有很低的发散度,产生的峰值亮度数量级为$(10^{31} \sim 10^{34})$ph/sec/mm^2/sr/0.1%BW,同样取决于能量。低发散度有助于将自由电子激光聚焦到 0.1 μm,并且有可能达到 10^{20} W·cm^{-2} 的强度。汉堡的 XFEL 装置[25]利用 1.7 km 的直线加速器提供 17.5 GeV 电子。这可以提供与 LCLS 大致相似的脉冲参数,但使用超导磁体时重复频率可以为 30 kHz,而目前 LCLS 的重复频率为 120 Hz。在撰写本书时正在进行的 LCLS II 升级项目,希望使用新的 4 GeV 超导直线加速器将重复频率升级到 1 MHz。与光学激光器一样,高重复率也给 WDM 实验带来了挑战。靶通常在实验中被破坏,如果我们使用高重复率打靶,就需要解决靶的替换和散落碎片问题。这意味着设计更复杂、高成本靶的目的不是为了获得尽可能多的实验数据,而是有助于缩短实验周期。

对于 XFEL 和 LCLS 装置,实现高功率光学激光器与 X 射线束的同步是保证 XFEL 性能的关键。具有数十焦耳脉冲能量的纳秒激光允许产生可由 X 射线束探测的强冲击[26],在 WDM 条件下,短脉冲激光束已经用在产生探测 X 射线激光加热箔的 XUV 高次谐波光源中[27]。

还有其他 X 射线自由电子激光器在运行,如 2012 年开始运行的日本兵库 SACLA 装置[28]、瑞士保罗·舍勒研究所的瑞士自由电子激光器(SwissFEL)[29] 和韩国浦项加速器实验室(PAL)的激光器[30]。迄今为止,这些相干、强、短脉冲 X 射线源已被证明有可能取得重要的科学进展,这意味着未来可能会开发出更多此类型的其他装置。

6.4　离子束装置

如第 2 章和第 3 章所述,离子束可通过体积加热和冲击压缩产生 WDM。它们被认为是实现惯性约束聚变的一个重要来源[31]。为此,需要产生脉宽相对较短(小于 100 ns)的强离子束,并将其聚焦到直径约小于 1 mm 的焦斑上。

当振荡器构成大型激光器的前端时,大型离子束装置的前端就是离子源。图 6.2 中给出了一个离子束源的简单示意图,它可以通过多种方法产生等离子体。例如,可以使用真空电弧或激光等离子体以优化离子数和电荷态分布,在该方面已经开展了大量的研究。根据 Child－Langmuir 极限,空间电荷限制了可提取的电流密度:

$$I_{max} = \frac{4\varepsilon_0}{9}\sqrt{\frac{2e}{3m_e}}\frac{V^{3/2}}{d^2} \tag{6.3}$$

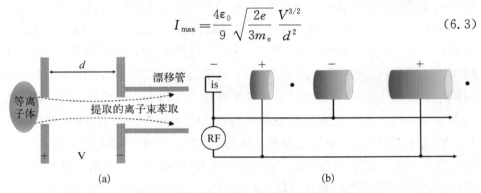

图 6.2　离子源示意图(a)和射频加速的简单示意图(b)

(a) 等离子体可以通过多种方式产生,包括电子回旋共振、激光等离子体或潘宁(Penning)电离,这是大型离子束装置的第一级;(b) 电极序列中的交变电压将粒子推成束团,并使之在最佳时机推离电极,拉向下一个电极

例如,在德国重离子研究中心的重离子装置中,电子回旋共振(ECR)等离子体源的电流极限约为 1 mA。如 Sharkov 等[32]所述,多个离子源可用于产生高的总离子电流。在离子源之后,可以使用射频四极系统来选择合适的离子种类。这一级有几个功能,首先,它的脉冲频率为选定的射频,通常为数十兆赫兹,将来自离子源的基本上连续的离子流转换成具有相同能量的束团。离子也被加速到大约 MV 的电压,这有助于减弱可能导致光束散焦的空间电荷效应。

下一级通常是一个直线加速器,它可以产生更高能量的束流。作为能够使用离子束研究 WDM 的一个装置,GSI 的通用直线加速器(UNILAC)是反质子和离子研究装置(FAIR)[33]的一部分,它能够使用几种类型的离子源,有效地加速从质子到高剥离铀的任何类型的离子。在离子源之后,射频源将离子加速至约 120 keV/u(u 为 1 个原子质量单位)。图 6.2 以一种简单的方式显示了它们如何通过射频加速离子。加速器由一系列圆柱形电极组成,这些电极与离子源耦合到射频源,与前一个和下一个电极交替 180°异相。离子的加速通过时控,以便当离子源上的电压为正时第一电极上的电压为负,从而向前拉动离子。为了使其工作,离子具有与电压同步的最佳速度。对于前面的离子,它们将被施加在下一个电极上的正电压减慢,从而被推回主束团。因此,离子在射频下成束团出现。早期阶段,通过气体介质的加速会导致电子从离子中进一步剥离,从而提高离子剥离态和最大可能的能量。这些装置可能很长,例如 UNILAC 的长度约为 120 m,离子达到约 0.16 C,能量约为 11.4 MeV/u。沿着直线加速器,磁四极透镜可以用来操控加速器管中心的离子。GSI 的下一级是 SIS‑18 环形加速器,其周长为 216 m,用磁铁使离子保持在圆形路径上同时加速离子。在每次循环中离子升压 80 kV。SIS‑18 可在 50~100 ns 的脉宽内产生能量 300 MeV/u、数目高达 10^{10} 的 U^{28+} 离子[34]。

还有其他重离子束装置正在开展 WDM 研究。例如,中国正在开发高强度重离子加速器装置(HIAF)[35]的第二段,将产生脉宽 50 ns、能量 0.84 GeV/u、数目大于 10^{11} 的 $^{238}U^{+34}$ 离子。在撰写本书时,劳伦斯伯克利国家实验室正在更新中性化漂移压缩实验‑II(neutralized drift compression experiment‑II,NDCX‑II)装置[36],以达到在纳秒脉冲周期内产生高达 1.2 MeV 能量的一系列离子种类,从而聚焦到小于 1 mm 的焦斑上产生具有约 1 eV 温度的 WDM 样品。

到目前为止,WDM 研究中的大型离子束装置并不如大型激光器那么有特色。然而,大量高能离子束的出现产生了一系列的新思想和协同研究方案,如重离子束产生的高能量密度物质(HedgeHob)协同研究[37]。在撰写本书时,来自十几个国家 40 多个机构的参与者参与了该协同研究。如第 3 章所述,此类装置可能比激光器具有一些优势,例如离子能够以体积方式加热更高 Z 的样品,而在实验中不产生高热发射等离子体。对典型的离子束来说,脉冲周期越长,可以提供的实验驱动就越接近于平衡条件,当然,使用足够大的样品可使得流体力学膨胀时间尺度适当加长。与 X 射线自由电子装置一样,加上与离子束同步的高功率光学激光器将大大增加装置的多功能性。在撰写本书时,文献[19]介绍了用 PHELIX 激光器同步升级离子束能够产生 WDM 相关条件的首次实验计划。

6.5　Z 箍缩装置

在第 2 章中,我们讨论了从 Z 箍缩装置产生强 X 射线作为驱动冲击的手段。这种装置有着悠久的历史[38]，过去被认为是一种潜在的聚变装置。近年来，在 Z 箍缩装置上进行了许多重要的 WDM 实验。主要的 Z 箍缩装置包括新墨西哥州圣地亚国家实验室的 Z 箍缩装置、俄罗斯的安加拉（Angara）5-1 装置（例如参见[39]及引文），以及伦敦帝国理工学院的 Magpie 装置[40]。Ryutov[41]和 Haines[38]等的论文对其物理进行了综述，但其核心思想是如果高电流通过圆柱形导体，就会产生强磁场：

$$B = \frac{\mu_0 I}{2\pi r} \tag{6.4}$$

快速上升的电流（100 ns 的时间尺度）最初由于趋肤效应被约束在表面。假如 1 MA 的电流通过直径为 1 mm 的细丝，那么导线半径处的 B 为 400 T，磁压为 64 GPa。同时，预计金属丝会产生显著的电阻加热以达到可以蒸发并形成等离子体的温度。如果细丝在其长度上的某一点较窄，由于电流是连续的，那么金属丝半径越小处，磁场 B 就越高，金属丝膨胀受到磁压力的阻碍就越大。另一方面，金属丝半径越小处，电流密度就越高，导致电阻加热就越高，增强的热压与磁压平衡。可以想象，这是一种非常不稳定的设置，可能导致所谓的"腊肠不稳定性"[38]，这种不稳定性将导致金属丝变形和破裂。热稠密等离子体产生的 X 射线辐射会使金属丝冷却。

在 X 射线产生实验中使用了金属丝阵，其中电流平行流过多达数百根金属丝，它们的直径通常为 10 μm，长度为 1～2 cm。对于最大的装置，如 Z 装置，总电流可达 20 MA，因此每根丝承载 100 kA 数量级的电流。这些丝被布置在一个圆形阵列中，也可能有两个相互嵌套的丝阵。平行细丝中产生的强磁场效应将它们拉向内部，使它们在轴上发生碰撞，其动力学过程十分复杂，并受流体力学不稳定性的影响，在主电流脉冲之前使用预脉冲电流将细丝调节到稳定状态。细丝的加热使其发出具有准普朗克光谱的宽带 X 射线[42]。中心处的碰撞能产生脉宽几纳秒的强 X 射线主脉冲，电能转换为 X 射线的转换效率高达 15%，使得 X 射线具有超过 200 TW 的功率[38,43]。

6.6　总结

正如我们在本书中所看到的，产生 WDM 样品有多种技术，这里我们集中介纷了一些最常用的技术。同样，可用于 WDM 的产生装置也多种多样，它们都有一个共同的目标，即在足够小的时间尺度内提供足够的能量密度，从而能够产生足够高密度和温度、显现 WDM 特征的样品，且处于便于诊断的状态。希望前几章中介绍的材料对那些未来可能从事和开发新型装置工作的人仍然有用。

参考文献

[1] Craxton R S, Jacobs S D, Rizzo J E and Boni R 1981 *IEEE J. Quantum Electron* **QE - 17** 1782 - 6

[2] Seka W, Jacobs S D, Rizzo J E, Boni R and Craxton R S 1980 *Optics. Comm.* **34** 469 - 73

[3] Garban-Labaune C, Fabre E, Max C E, Fabbro R, Amiranoff F, Virmont J, Weinfeld M and Michard A 1982 *Phys. Rev. Lett.* **48** 1018 - 21

[4] Davis Christopher C 2014 *Laser and Electro-Optics* 2nd edn (Cambridge：Cambridge University Press)

[5] Wilson J and Hawkes J F B 1993 *Optoelectronics: An Introduction* 2nd edn (Englewood Cliffs, NJ：Prentice-Hall)

[6] Ross I N *et al* 1981 *IEEE J. Quantum Electron* **QE - 17** 1653 - 61

[7] Brunton G, Erbert G, Browning D and Tse E 2012 *Fusion Eng. Des.* **87** 1940 - 4

[8] Shaikh W, Musgrave I O, Bhamra A S and Hernandez-Gomez C 2006 *Central Laser Facility Annual Report for 2005 - 06* **19** 200 - 1

[9] Mason P *et al* 2018 *High Power Laser Sci. Eng.* **6** e65

[10] Strickland D and Mourou G 1985 *Opt. Commun.* **56** 192

[11] Danson C N, Hillier D, Hopps N and Neely D 2015 *High Power Laser Sci. Eng.* **3** e3

[12] Crane J K *et al* 2010 *J. Phys. Conf. Series* **244** 032003

[13] Tommasini R *et al* 2017 *Phys. Plasmas* **24** 053104

[14] Casner A *et al* 2015 *High Energy Density Phys.* **17** 2 - 11

[15] Boehly T R *et al* 1995 *Rev. Sci. Instrum.* **66** 508 - 10

[16] Hunt J T, Manes K R, Murray J R, Renard P A, Sawicki R, Trenholme J B and Williams W 1994 *Fusion Tech.* **26** 508 - 10

[17] Moses E I and Wuest C R 2005 *Fusion Sci. Technol.* **47** 314 - 22

[18] Benuzzi-Mounaix A *et al* 2006 *J. Phys. IV* **133** 1065 - 70

[19] Bagnoud V *et al* 2010 *Appl. Phys.* B **100** 137 - 50

[20] Kitagawa Y *et al* 2004 *IEEE J. Quantum Electron* **40** 281

[21] He X T *et al* 2016 *J. Phys. Conf. Ser.* **688** 012029

[22] Feldhaus J, Arthur J and Hastings J B 2005 *J. Phys.* B **38** S799 - 819

[23] McNeill Brian W J and Thomson Neil R 2010 *Nat. Photon.* **4** 814 - 21

[24] Ackermann W *et al* 2007 *Nature Photon.* **1** 336 - 42

[25] Altarelli M *et al* 2007 The European x-ray free-electron laser *Technical Design Report* DESY 2006 – 097

[26] Brown S B *et al* 2017 *Rev. Sci. Instrum.* **88** 105113

[27] Williams Gareth O *et al* 2018 *Phys. Rev.* A **97** 023414

[28] Kato M *et al* 2012 *Appl. Phys. Lett.* **101** 023503

[29] Patterson B D *et al* 2010 *New J. Phys.* **12** 035012

[30] Yun K *et al* 2019 *Sci. Rep.* **9** 3300

[31] Bangerter R O 1999 *Phil. Trans. R. Soc. Lond.* A **357** 575 – 93

[32] Sharkov B Y, Hoffmann D H H, Golubev A A and Zhao Y 2016 *Matter Radiat. Extremes* **1** 28 – 47

[33] Spiller P and Franchetti G 2006 *Nucl. Instrum. Methods Phys. Res.* A **561** 305 – 9

[34] Tahir N A *et al* 2005 *Nucl. Instrum. Methods Phys. Res.* A **544** 16 – 26

[35] Cheng R *et al* 2015 *Matter Radiat. Extremes* **3** 85 – 93

[36] Friedman A *et al* 2009 *Nucl. Instrum. Meth. Phys. Res.* A **606** 6 – 10

[37] Tahir N A *et al* 2005 *Contrib. Plasma Phys.* **45** 229 – 35

[38] Haines M G 2011 *Plasma Phys. Control. Fusion* **53** 093001

[39] Alexandrov V V *et al* 2002 *IEEE Trans. Plasma Sci.* **30** 559 – 66

[40] Mitchell I H *et al* 1993 *AIP Conf. Proc.* **299** 486 – 94

[41] Ryutov D D, Derzon M S and Matzen M K 2000 *Rev. Mod. Phys.* **72** 167 – 223

[42] Spielman R B *et al* 1998 *Phys. Plasmas* **5** 2105 – 11

[43] Bailey J E *et al* 2002 *Phys. Plasmas* **9** 2186 – 94

符号说明

A	原子质量数
a	离子球半径
a_B	玻尔半径
B	磁场
c	光速
D	德拜长度
D_e	电子德拜屏蔽长度
D_i	离子德拜屏蔽长度
ΔU_i	电离势的降低
$(\mathrm{d}\sigma/\mathrm{d}\Omega)_T$	经典汤姆逊散射截面
e	基本电荷
E_b	电子结合能
E_c	康普顿散射能移
$\varepsilon_{RPA}(k,\omega)$	随机相移近似下的等离子体电介质函数
ε_0	真空介电常数
F	自由度
f	频率
f	电子热流中自由流极限
$f(k)$	离子形状因子

$f_e(p)$	电子的费米-狄拉克分布函数
$G_{bf}(\omega, T_e)$	束缚-自由戈登因子
$G_{ff}(\omega, T_e)$	自由-自由戈登因子
γ_a	绝热指数(热容比)
γ_e	电子的绝热指数
γ_i	离子绝热指数
γ_G	Grüneisen 参数
γ	洛伦兹因子
Γ	强耦合参数
$\hbar$	约化普朗克常数
h	普朗克常数
I_A	阿尔芬电流极限
k_B	玻尔兹曼常数
k	散射波矢
κ	热导率
λ	波长
λ_β	电子感应加速器波长
λ_{TF}	托马斯-费米屏蔽长度
Λ_e	电子热德布罗意波长
μ_0	真空磁导率
μ	化学势
$\mu(E)$	X射线吸收系数
μm	微米
n_c	临界电子密度
n_e	自由电子密度
n_i	离子密度
n_r	折射率
ω	圆频率
ω_p	冷等离子体频率
ω_β	电子感应加速器频率
$q(k)$	电子-离子相关项

q	约化散射波矢
Q_e	电子热流
ρ	质量密度
ρ_c	电荷密度
ρ_e	电阻率
$\sigma(\omega)$	电导率
σ_{SB}	斯蒂芬-玻尔兹曼常数
$S_{ii}(k, \omega)$	动态离子-离子结构因子
$S_{ii}(k)$	静态离子-离子结构因子
$S_{ei}(k)$	静态电子-离子结构因子
$S_{ee}(k, \omega)$	动态电子结构因子
T_e	电子温度
T_i	离子温度
T_{hot}	激光等离子体中的电子温度
Θ_D	德拜温度
u	原子单位
u_s	冲击波速度
u_p	波后粒子速度
$\chi(E)$	XANES 与 EXAFS 振荡部分吸收系数
$\chi(k, \omega)$	等离子体密度响应函数
$\chi(p)$	电子动量空间波函数
Z	原子序数
$\bar{Z}$	平均电离数
Z_b	束缚电子数
Z_p	等效微扰电荷
$Z(T, \rho)$	配分函数

缩写词

主要缩略语对照表

外文缩写	外 文 全 称	中 文 全 称
WDM	warm dense matter	温稠密物质
DFT	density functional theory	密度泛函理论
HNC	hypernetted-chain	超网链
LCLS	LINAC coherent light source at SLAC	(美国)直线加速器相干光源
OCP	one component plasma	单组份等离子体模型
IPD	ionisation potential depression	电离势下降
EOS	equation of state	状态方程
QEOS	quotidian equation of State	普适状态方程
DAC	diamond anvil cells	金刚石压腔
ISI	induced spatial coherence	诱导空间非相干技术
SSD	smoothing by spectral dispersion	光谱色散匀滑技术
JASPER	joint actinide shock physics experimental research	联合锕系元素冲击物理实验研究

续 表

外文缩写	外 文 全 称	中 文 全 称
MHD	magneto hydrodynamics	磁流体力学
SOP	streaked optical pyrometry	条纹光学测温
UTA	unresolved transition array	不可分辨跃迁排列
FWHM	full width at half maximum	半高全宽
HIHEX	heavy ion heating and expansion isochoric heating	重离子加热膨胀
HIHEX - QIH	HIHEX - quasi	HIHEX 准等容加热
HOPG	highly-oriented pyrolytic graphite	高取向热解石墨
CMOS	complementary metal oxide semiconductor	互补金属氧化物半导体
CSPAD	cornell-slac hybrid pixel array detector	科内尔 SLAC 混合像素阵列探测器
SLAC	stanford linear accelerator center	（美国）斯坦福直线加速器中心
EMP	electromagnetic pulse	电磁脉冲
DFT - MD	density-functional-theory-molecular dynamics	密度泛函理论分子动力学
RSGF	real-space green's function	空间格林函数
RPA	random phase approximation	随机相位近似
XANES	x-ray absorption near edge structure	X 射线吸收近边结构
EXAFS	extended x-ray absorption fine structure	扩展 X 射线吸收精细结构
MEC	materials at extreme conditions	极端条件下的材料
LWFA	laser-wakefield acceleration	激光尾场加速
PSL	photo-stimulated luminescence	光受激发光
PSU	photo-stimulated units	光受激发射单位

外文缩写	外 文 全 称	中 文 全 称
VISAR	velocity interferometry system for any reflector	任意反射面速度干涉测量系统
VPF	velocity per fringe	每条纹速度
ASBO	active shock break-out	主动式冲击卸载
FDI	fourier domain interferometry	傅里叶频域干涉测量
CPA	chirped pulse amplified	啁啾脉冲放大
NIF	national ignition facility	国家点火装置
ARC	advanced radiographic capability	先进射线照相能力
XFEL	X-ray free electron laser	X射线自由电子激光器
FEL	free electron laser	自由电子激光器
SASE	self-amplified spontaneous emission	自放大自发发射
XUV–FEL	extreme ultra-violet free electron laser	超紫外自由电子激光
ECR	electron cyclotron resonance	电子回旋共振
HIAF	high intensity heavy-ion accelerator facility	高强度重离子加速器装置
NDCX–II	neutralized drift compression experiment-II	中性化漂移压缩实验-II
HedgeHob	High Energy Density Matter Generated by Heavy Ion Beams	重离子束产生的高能量密度物质